Nadia Amharref

Caractérisation d'un modèle de gliome par imageries spectrales

Nadia Amharref

Caractérisation d'un modèle de gliome par imageries spectrales

Etude d'un modèle de gliome par imageries spectrales et influence de l'architecture sur la distribution du medicament

Presses Académiques Francophones

Impressum / Mentions légales
Bibliografische Information der Deutschen Nationalbibliothek: Die Deutsche Nationalbibliothek verzeichnet diese Publikation in der Deutschen Nationalbibliografie; detaillierte bibliografische Daten sind im Internet über http://dnb.d-nb.de abrufbar.
Alle in diesem Buch genannten Marken und Produktnamen unterliegen warenzeichen-, marken- oder patentrechtlichem Schutz bzw. sind Warenzeichen oder eingetragene Warenzeichen der jeweiligen Inhaber. Die Wiedergabe von Marken, Produktnamen, Gebrauchsnamen, Handelsnamen, Warenbezeichnungen u.s.w. in diesem Werk berechtigt auch ohne besondere Kennzeichnung nicht zu der Annahme, dass solche Namen im Sinne der Warenzeichen- und Markenschutzgesetzgebung als frei zu betrachten wären und daher von jedermann benutzt werden dürften.

Information bibliographique publiée par la Deutsche Nationalbibliothek: La Deutsche Nationalbibliothek inscrit cette publication à la Deutsche Nationalbibliografie; des données bibliographiques détaillées sont disponibles sur internet à l'adresse http://dnb.d-nb.de.
Toutes marques et noms de produits mentionnés dans ce livre demeurent sous la protection des marques, des marques déposées et des brevets, et sont des marques ou des marques déposées de leurs détenteurs respectifs. L'utilisation des marques, noms de produits, noms communs, noms commerciaux, descriptions de produits, etc, même sans qu'ils soient mentionnés de façon particulière dans ce livre ne signifie en aucune façon que ces noms peuvent être utilisés sans restriction à l'égard de la législation pour la protection des marques et des marques déposées et pourraient donc être utilisés par quiconque.

Coverbild / Photo de couverture: www.ingimage.com

Verlag / Editeur:
Presses Académiques Francophones
ist ein Imprint der / est une marque déposée de
OmniScriptum GmbH & Co. KG
Heinrich-Böcking-Str. 6-8, 66121 Saarbrücken, Deutschland / Allemagne
Email: info@presses-academiques.com

Herstellung: siehe letzte Seite /
Impression: voir la dernière page
ISBN: 978-3-8416-2347-8

Copyright / Droit d'auteur © 2013 OmniScriptum GmbH & Co. KG
Alle Rechte vorbehalten. / Tous droits réservés. Saarbrücken 2013

UNIVERSITE DE REIMS CHAMPAGNE-ARDENNE
UNITE DE FORMATION et de RECHERCHE de PHARMACIE

ANNEE 2007   N° :

THESE

Présentée en vue de l'obtention du grade de

DOCTEUR DE L'UNIVERSITE DE REIMS CHAMPAGNE-ARDENNE

MENTION : PHARMACIE

Spécialité : Ingénierie de la santé

Présentée et soutenue publiquement le 12 décembre 2007
par

Nadia AMHARREF

Caractérisation tissulaire d'un modèle de gliome par microspectroscopies vibrationnelles et influence de l'architecture tissulaire sur la distribution d'un agent anticancéreux.

Membres du Jury :

Rapporteurs :	Pr. Gérard DELERIS, CNRS 5084, Université de Bordeaux.
	Pr. Georges HOUIN, Université de Toulouse.
Examinateurs :	Pr. Michel MANFAIT, Université de Reims.
	Pr. Igor CHOURPA, Université de Tours.
	Dr. Abdelilah BELJEBBAR, Université de Reims.
Directeur de thèse :	Pr. Michel PLUOT, Université de Reims.
Co-Directeur de thèse :	Dr. Sylvain DUKIC, Université de Reims.

SOMMAIRE

REMERCIEMENTS

Listes des abbréviations

Listes des figures et tableaux

Chapitre I : RAPPEL BIBLIOGRAPHIQUE

I.1. SITUATION DU SUJET *1*

I.2. LES TUMEURS CEREBRALES **6**

   I.2-1   Le système nerveux **6**

      I.2-1-1   Point de vue anatomique 6
      I.2-1-2   Point de vue cellulaire 7

   I.2-2   L'encéphale **8**

      I.2-2-1   La substance grise 8
      I.2-2-2   La substance blanche 11

   I.2-3   Les gliomes malins : tumeurs primitives les plus fréquentes **11**

      I.2-3-1   Les astrocytomes 12
      I.2-3-2   Les oligodendrogliomes 12
      I.2-3-3   Les oligoastrocytomes 12
      I.2-3-4   Les épendymomes 13

   I 2-4   Classification des gliomes malins **13**

      I.2-4-1   Classification histologique 13
          I.2-4-1-1   Classification OMS des gliomes 14
          I.2-4-1-2   Classification Sainte-Anne des gliomes 16
      I.2-4-2   Classification topographique 17
      I.2-4-3   Autres facteurs pronostiques 18

I.2-5 Génétique des gliomes 18

I.2-5-1 Les gènes impliqués : oncogènes et gènes suppresseurs de tumeurs 18
I.2-5-2 Les voies de progression des gliomes 19

I.2-6 Physiopathologie des gliomes malins 20

1.2-6-1 Développement tumoral 20
1.2-6-2 Invasion, migration et angiogenèse 21
    1.2-6-2-1 Adhésion cellulaire 21
    1.2-6-2-2 Remodelage de la matrice extracellulaire 21
    1.2-6-2-3 Mobilité cellulaire et migration 22
    1.2-6-2-4 Angiogenèse 22

1.2-7 Conséquences physiopathologiques 23

1.2-7-1 Modification de la barrière hémato-encéphalique 24
1.2-7-2 L'œdème cérébral 25

1.2-8 Diagnostic 26

1.2-8-1 Les signes cliniques de la maladie 26
1.2-8-2 Imagerie neuroradiologique 26

I.3. STRATEGIES THERAPEUTIQUES *28*

I.3-1 La Chirurgie 28

I.3-1-1 Les biopsies 29
I.3-1-2 Exérèse chirurgicale 29

I.3-2 La Radiothérapie 30

I.3-2-1 La radiothérapie externe 31
I.3-2-2 La radiothérapie interne, curiethérapie ou brachythérapie 31
I.3-2-3 La radiochirurgie 31

I.3-3 La radiochimiothérapie 32

I.3-4 La chimiothérapie 32

I.3-4-1 Les anticancéreux 33
    I.3-4-1-1 Les agents alkylants 33
    a- Les nitroso-urées 33
    b- Le protocole PCV 34
    c- Le témozolomide 34
    d- Les sels de platine et dérivés 36
    e- Le thiotépa 36
    I.3-4-1-2 Les inhibiteurs de topoisomérase 37
    a- Inhibiteurs de topoisomérase I 37
    b- Inhibiteurs de topoisomérase II 37
    I.3-4-1-3 Les taxanes 38

I 3-5 Nouvelles approches thérapeutiques 38

    I 3-5-1   Prolifération cellulaire incontrôlée 39
        I 3-5-1-1   Inhibiteurs des récepteurs de facteurs de croissance 39
        I 3-5-1-2   Inhibiteurs des signaux de transduction 39
    La voie PI3K/Akt 39
    La voie de Ras/Raf/MEK : Inhibiteurs de la farnésyltransférase 40
    La voie PLC/DAG/PKC 40
    Le tamoxifène : inhibiteur de la protéine-kinase C 40
    I 3-5-2   Processus de mort cellulaire défectueux : thérapie génique 41
        I 3-5-2-1   La protéine p53, pRB et p16 41
        I 3-5-2-2   Inhibiteurs de cycline 42
    I 3-5-3   Mobilité et invasion des cellules tumorales 42
    I 3-5-4   Angiogenèse tumorale 42
        I 3-5-4-1   Le thalidomide : anti-angiogénique 43
    I 3-5-5   Les autres cibles 43

I 3-5 Optimisation de la chimiothérapie 44

    I 3-5-1   Accroître le passage de la BHE 44
        I 3-5-1-1   Ouverture transitoire de la BHE 44
        I 3-5-1-2   Stratégies loco-régionales 44
    Injection directe 44
    Perfusion locale ou « convection enhanced delivery » 45
    Chimiothérapie interstitielle ou intra lésionnelle : exemple du Gliadel 45
        I 3-5-1-3   Planification de la chimiothérapie 46
        I 3-5-1-4   Inhibition de l'AGAT 46
        I 3-5-1-5   Amélioration des essais cliniques 47

I.4. APPORT DES SPECTROSCOPIES OPTIQUES DANS LA CARACTÉRISATION TISSULAIRE *48*

I.4-1 Les spectroscopies vibrationnelles 50

    I 4-1-1 Spectroscopies Raman et IR 50
    I 4-1-2 Principe de la spectroscopie Infrarouge 50
        I 4-1-2-1 La spectroscopie infrarouge à transformée de Fourier (IRTF) 52
        I 4-1-2-2 Attributions spectrales en spectroscopie infrarouge 53
    I 4-1-3 Principe de la spectroscopie Raman 54
        I 4-1-3-1 Attributions spectrales en spectroscopie Raman 55

I 4-2 Evolution des méthodes d'analyse et de traitements des données 56

    I 4-2-1 Excitation dans le proche infrarouge 56
    I 4-2-2 Imagerie spectrale 57
    I 4-2-3 Traitements des spectres 57
    I 4-2-4 Analyse statistique multivariée 57

I 4-3 Evolution de l'instrumentation pour le biomédical 58

    I 4-3-1 Instrumentation dans le domaine biomédical 59
    I 4-3-2 Instrumentation dans le domaine clinique 60

I 4-4 Applications biologiques des spectroscopies vibrationnelles 61

I 4-4-1 Applications cellulaires des spectroscopies vibrationnelles 62
I 4-4-2 Applications diagnostiques 63
    I 4-4-2-1 Pathologie cancéreuse 64
    I 4-4-2-2 Exemples d'applications diagnostiques 65
I 4-4-3 Application dans le cadre des Tumeurs cérébrales 67

OBJECTIFS DE L'ETUDE **69**

ChapitreII : TRAVAUX EXPERIMENTAUX *70*

PARTIE I : CARACTERISATION DU TISSU CEREBRAL SUR UN MODELE DE GLIOME INDUIT CHEZ LE RAT PAR SPECTROSCOPIE INFRA-ROUGE *72*

PARTIE II: DISCRIMINATION ENTRE TISSUS SAIN, TUMORAL ET NECROTIQUE SUR UN MODELE DE GLIOME INDUIT CHEZ LE RAT PAR IMAGERIE SPECTRALE RAMAN *74*

PARTIE III: EFFET DE LA PROGRESSION TUMORALE SUR L'ARCHITECTURE TISSULAIRE ET INFLUENCE DE CES MODIFICATIONS SUR LA DISTRIBUTION D'UN ANTICANCEREUX *76*

III 1 INTRODUCTION **76**

III.2. ETUDE DE LA PROGRESSION TUMORALE PAR MIR-TF *ex vivo* **77**

    III.2.1.Protocole expérimental 77
    III.2.1.1. Modèle animal 77
    III.2.1.1.1. Réactif animal 77
    III.2.1.1.2. Modèle de tumeur expérimentale : gliome 77
    III.2.1.1.2.1. Culture des cellules de gliomes C6 77
    III.2.1.1.2.2. Induction des tumeurs 78
    III.2.1.1.3 Prélèvements tissulaires 79
    III.2.1.1.4. Analyse et histologie 79
    III.2.1.2. Analyse des échantillons par MIR-TF 79
    III.2.1.2.1. Acquisition des données 79
    III.2.1.2.2. Cartographie spectrale et paramètres d'acquisition 80
    III.2.1.3 Traitement des données 81
    III.2.1.3.1. Analyses statistiques multivariées... 81
    III.2.1.3.2. Méthode des K-means 81
    III.2.1.3.3. Spectres infrarouge de référence 81
    III.2.1.3.3. Méthode des moindres carrés ou "Multiple Least Square » 83

III.3. ETUDE PHARMACOCINETIQUE *in vivo* **: DISTRIBUTION INTRA-TISSULAIRE DES MEDICAMENTS PAR MICRODIALYSE** **83**

III.3.1	La microdialyse	83
III.3.1.1.	Principe	83
III.3.2.	Protocole expérimental	83
III.3.2.2.	Implantation des canules guides	84
III.3.2.3.	Inoculation des cellules tumorales	85
III.3.2.4.	Anesthésie	85
III.3.2.5.	Modalités d'administration	86
III.3.2.6.	Modalités de prélèvement	86
III.3.2.6.1.	Prélèvements sanguins	86
III.3.2.6.2.	Dialysat	86
III.3.2.7.	Détermination des rendements de microdialyse	87
III.3.2.7.1.	Rendement in vitro	87
III.3.2.7.2.	Rendement in vivo	87
III.3.2.8.	Dosage du méthotrexate	88
III.3.2.8.1.	Conditions chromatographiques	88
III.3.2.8.2	Calcul des paramètres pharmacocinétiques	89
III.3.2.10.	Analyse statistique	89

III.4. RESULTATS 91

III.4.1.	Modèle animal	91
III.4.2.	Histologie	91
III.4.3.	Etude de la progression tumorale par MIR-TF *ex vivo*	91
III.4.4.	Etude pharmacocinétique *in vivo* par microdialyse: Influence du développement tumoral sur la distribution intra-tissulaire des medicaments	99

III.5. DISCUSSION 105

PARTIE IV: DEVELOPPEMENT DE LA SPECTROSCOPIE RAMAN INTRA VITALE SUR LE PETIT ANIMAL DANS L'ETUDE DE LA PROGRESSION TUMORALE 110

IV 1 INTRODUCTION 110

IV.2. CARACTERISATION TISSULAIRE ET ETUDE DU DEVELOPPEMENT TUMORAL, *in vivo*. 111

IV.2.1. INSTRUMENTATION 111

IV.2.1.1. Spectromètre Raman *in vivo*	111
IV.2.1.1.1 . La source d'excitation	112
IV.2.1.1.2. La fibre optique	112
IV.2.1.1.3. Les filtres optiques	112
IV.2.1.1.3.1. Le filtre interférentiel	112
IV.2.1.1.3.2. Le filtre Notch	113
IV.2.1.1.4. Le système dispersif	113
IV.2.1.1.5. Le détecteur	113
IV.2.1.1.6. Le logiciel d'acquisition	113
IV.2.1.2. Méthodes de traitement des données	113
IV.2.1.2.1. Classification hiérarchique	114

IV.2.2. IDENTIFICATION DES STRUCTURES SAINES ET TUMORALES 114

IV.2.2.1. Analyse *ex vivo* 114
　　　　　IV 2.2.1.1 Protocole expérimental 114
　　　　　IV.2.2.1.1.1.　Modèle de tumeur 114
　　　　　IV.2.2.1.1.2.　Prélèvements tissulaires 115

IV.2.3. SUIVI DU DEVELOPPEMENT TUMORAL *in vivo* **116**

　　　IV.2.3.1. Analyse *in vivo* 116

IV.3.　RESULTATS **118**

　　　IV.3.1.　Etude du cerveau sain *ex vivo* 118
　　　IV.3.2.　Comparaison entre tissu sain et tumeur *ex vivo* 119
　　　IV.3.3.　Identification *ex vivo* de la zone péritumorale 121
　　　IV.3.4.　Suivi de la tumeur au cours de son développement 121

IV.4.　DISCUSSION **124**

Chapitre III : CONCLUSION GENERALE ET PERSPECTIVES *127*

BIBLIOGRAPHIE *130*

Annexes...*149*

Remerciements

Avant tout, je tiens à remercier Monsieur le Professeur Michel MANFAIT, directeur de l'unité MéDIAN - CNRS UMR 6142, pour m'avoir accueillie au sein de son laboratoire et pour m'avoir toujours encourager à communiquer mes résultats lors de manifestations ou congrès scientifiques. Je vous remercie pour ces expériences très enrichissantes auxquelles vous m'avez permis de participer, pour votre gentillesse, votre disponibilité et vos conseils.

Je tiens ensuite à exprimer mes sincères remerciements à Monsieur le Professeur Michel PLUOT pour m'avoir fait profiter de son expérience en anatomopathologie et pour m'avoir permis de bénéficier de nombreuses techniques en immunohistologie, au sein de son laboratoire d'anatomie pathologique à l'hôpital Robert Debré. Je vous remercie pour votre disponibilité et votre aide précieuse au cours de l'exploitation des données histologiques.

Mes remerciements s'adressent également aux Professeurs Georges HOUIN, Gérard DELERIS et Igor CHOURPA qui, malgré leurs importantes charges de travail, ont accepté d'examiner ce manuscrit. Je suis extrêmement honorée que vous ayez accepté de siéger dans ce jury.

J'exprime mes sincères remerciements au Docteur Sylvain DUKIC, qui avec beaucoup de gentillesse, m'a permis d'acquérir les principes fondamentaux de l'expérimentation *in vivo*.
Je te remercie pour la liberté que tu m'as accordée et la confiance que tu m'as témoignée depuis mon stage d'initiation à la recherche jusqu'à la rédaction de ce manuscrit. Merci pour tes encouragements, ta générosité, tes conseils.

Je voudrais également exprimer toute ma gratitude à Monsieur le Docteur Abdelilah BELJEBBAR, tout d'abord pour avoir accepté de participer à ce jury de thèse. J'ai beaucoup de raisons de te remercier, à commencer par l'intérêt que tu as porté à mes travaux à un moment assez critique de cette thèse, mais également pour avoir rendu moins pénible le difficile exercice que représente la rédaction des publications internationales. Merci pour ton altruisme, ta gentillesse, ta disponibilité, tes précieux conseils et ta rigueur scientifique. Merci pour tout…

Je tiens également à remercier Mlle Lydie Ventéo qui en dépit d'une charge de travail inquantifiable, (à l'échelle humaine, j'entends) a accepté de bon cœur et toujours de bonne humeur les heures supplémentaires que je lui ai, non sans culpabilité et totalement à l'inssu de mon plein grès, imposées. Ce fut un véritable plaisir pour moi de bénéficier de tes connaissances, de tes conseils, de ton écoute (inquantifiable à l'échelle universelle cette fois, surtout quand c'est moi qui parle je sais) et surtout de ton amitié.

J'exprime ma profonde reconnaissance à Monsieur le Professeur Matthieu KALTENBACH, pour le temps qu'il a consacré à la correction des articles, pour tous ses conseils et son sens de la pédagogie. Merci pour ton soutien, ta générosité, ta disponibilité et merci pour m'avoir offert l'opportunité de réaliser des enseignements en pharmacologie.

Mes remerciements s'adressent également à Mme Hélène MARTY pour son soutien, sa gentillesse et pour m'avoir accueilli chaleureusement au sein du laboratoire de Pharmacologie.

Un grand merci également à toutes les personnes que j'ai pu rencontrer et qui m'ont accueilli dans leur différent laboratoire. Merci à Laurence, Nicole, Edith et Nathalie pour leur gentillesse et leur disponibilité.

Merci à Yves Gourdin pour sa bonne humeur constante et le soutien qu'il témoigne à tous les doctorants « en phase terminale ». Merci pour ta gentillesse et ton aide au cours de mon étape préférée : L'IMPRESSION de ce manuscrit encore appelée LA DELIVRANCE.

Merci à Mme Denise PIZZANI, pour sa gentillesse et sa disponibilité. Merci pour tous les efforts que vous faîtes et qui rendent meilleures nos conditions de travail.

Ces années furent ponctuées de très belles rencontres. Je pense à toutes les personnes qui ont marqué mon passage au sein de l'UFR Pharmacie de Reims. Certains sont d'ailleurs devenus des amis proches :

Je commencerais donc par les anciens (nos grands frères et grandes sœurs de thèse) qui nous ont vu arriver, accueilli chaleureusement et montré le chemin avant de s'envoler vers d'autres aventures.

- ✓ A toi Salima, pour ta bonne humeur, et ton sens de l'humour à toute épreuve qui m'a souvent manqué après ton départ.

- ✓ A toi Patou, pour ta gentillesse, tes précieux conseils et surtout ta sagesse capable de calmer n'importe quel esprit. Merci aussi pour les cours de Lingala.

- ✓ A toi tata Nass, pour ta spontanéité si rare de nos jours et ces « excès de franchise » (pour ne pas dire gueulantes) qui nous ont valu de nombreux fous rires.

- ✓ A toi Vita, que j'ai eu la chance de côtoyer plus longuement. Merci pour ton soutien et tes encouragements permanents pendant les périodes difficiles. Merci aussi pour m'avoir nourrit les midis (même si tu estimais que j'te coûtais trop cher !!! C'est ça l'amitié et j'espère que dieu te le rendra parce que moi je n'aurais jamais les moyens de le faire !!!)

- ✓ A toi ma Cécé, pour ton soutien inestimable au cours de cette aventure qui fut ponctuée de fous rires mais également de moments moins drôles. Merci de m'avoir toujours encouragée et poussée à persévérer pendant les périodes de doutes. Cette aventure aurait été bien plus difficile sans toi. Merci pour ton humour, ton écoute, ta bienveillance et ton amitié qui vont énormément me manquer le jour J.

Merci à tous les membres de l'unité MéDIAN pour avoir entretenu une bonne ambiance dans ce groupe de travail. Ce fut une expérience humaine très enrichissante. Merci à Christophe, Gilles, Greg, Linda, Mohamed, Nico, Olivier, Ganesh, etc……

Merci à Flo la belge, Ali et Franky pour votre contribution au maintien de la bonne humeur, vos encouragements et surtout pour les pauses café.

Je tiens également à exprimer toute ma sympathie à Mme Karine BOUILLOT. Merci pour le soutien, les encouragements et la bienveillance que tu m'as témoigné tout au long des années passées au sein de l'unité MéDIAN.

Mes remerciements s'adressent également aux membres de la JE, pour leur gentillesse. Merci à Jean François Riou, pour les conseils que vous avez pu m'apporter à des moments difficiles de ma thèse et pour vos encouragements.

Merci à Dennis, Chantal, Hamid, Lionel, Bébert, Nassima, Pamela et mon p'tit Two pence pour m'avoir « adoptée » et régulièrement conviée à tous les pots, goûter, déjeuner…

Le moment est venu pour moi de remercier toutes les personnes, qui n'ont certes participé qu'indirectement `a cette thèse, mais sans qui rien de tout cela n'aurait été possible.

A mes amis dans le désordre : Babouda et Chicoula, Lilie, Kikina, Nico mais aussi Lilou et Zouzou. Merci pour votre soutien permanent et votre amitié qui m'est si chère.
Merci pour tous ces moments de franches rigolades et pour les vacances inoubliables, quelle que soit la destination ou le chemin empreinté si vous voyez ce que je veux dire. Merci pour toutes ces péripéties inimaginables qui ne m'arrivent avec personnes d'autres et dont je ne me lasse pas. Bref, merci d'être toujours là !

Enfin, je dédie cette thèse à ma famille

A mes parents : Merci pour votre amour, votre soutien inconditionnel, votre aide sur tous les plans durant toutes ces années,… bref, pour tout ce que vous avez toujours fais et continuez encore à faire. Merci maman, merci papa, vous êtes des parents extraordinaires.

A ma sœur chérie et mes frères adorés, merci pour m'avoir toujours poussé vers le haut et m'avoir pourrie gâtée (ça d'ailleurs vous pouvez continuer, ça ne fais pas de mal !!!). Vous avez toujours été un exemple et une fierté pour moi.

Enfin, je tiens à remercier mes grands parents, mes oncles, tantes, cousins et cousines qui malgré la distance nous ont toujours paru très proches et ont su nous inculquer des valeurs dont je suis extrêmement fière.

Jamais je n'aurais pu réaliser ce travail sans vous, je vous en remercie et je vous aime.

Liste des abréviations

ACP	Analyse en Composante Principale
AGAT	Alkyl Guanine Alkyl Transférase
AHC	Analyse Hiérarchique en Cluster
AMV	Analyse MultiVariée
ATR	Attenuated Total Reflection
bFGF	basic Fibroblast Growth Factor
BHE	Barrière hémato-encéphalique
BHT	Barrière hémato-tumorale
CCD	Charge-Coupled Device
CED	Convention Enhanced Delivery
EGF	Endothelial Growth Factor
EGFR	Endothelial Growth Factor Receptor
EORTC	European Organisation for Research and Treatment of Cancer
FAK	Focal Adhesion Kinase
FDA	Food and Drug Administration
FGF	Fibroblast Growth Factor
GBM	Glioblastome
HIF-1	Hypoxia-inducible factor 1

HTIC	HyperTension Intra Crânienne
IFT	Inhibiteur de la Farnésyl Transférase
IR	Infrarouge
IRM	Imagerie par Résonance Magnétique
LCR	Liquide céphalorachidien
MDR	MultiDrug Resistance
MEC	Matrice extracellulaire
MIR-TF	Microspectroscopie Infrarouge à Transformée de Fourier
MMP	Matrix MetalloProteinase
MMR	Mismatch Repair
MTIC	5-(3-methyltriazen-1-yl) imidazole-4-carboximide
MT-MMP	Membrane Type- Matrix MetalloProteinase
OMS	Organisation Mondiale de la santé
PDGF	Platelet-Derived Growth Factor
PDGFR	Platelet-Derived Growth Factor Receptor
PIR	Proche Infrarouge
PKC	Protéine Kinase C
pRB	RetinoBlastoma protein
PTEN	Phosphatase and TENsin homolog

RTK	Récepteurs à Tyrosine Kinase
SNC	Système Nerveux Central
SNP	Système Nerveux Périphérique
SNV	SystèmeNerveux Végétatif
TGFα	Transforming Growth Factor-alpha
TMZ	Témozolomide
TNFα	Tumor Necrosis Factor-alpha
VEGF	Vascular Endothelial Growth Factor

Tables des figures et tableaux

INTRODUCTION

Figures

Figure 1 : Le système nerveux chez l'homme 7
Figure 2 : Les cellules gliales 8
Figure 3 : Les lobes du cortex cérébral. 9
Figure 4 : Architectonie du cortex cérébral. 10
Figure 5 : Les noyaux gris centraux. 10
Figure 6 : Schéma représentant les différentes structures du cerveau 11
Figure 7 : Grading biologique des tumeurs du système nerveux central 15
Figure 8 : Classification des tumeurs cérébrales selon la topographie 17
Figure 9 : Les voies de progression des tumeurs gliales 20
Figure 11 : Représentation schématique de la formation des zones de
pseudopalissades dans un GBM 24
Figure 12 : schéma représentant un capillaire cérébral 24
Figure 13 : Formation de l'œdème péritumoral à partir d'une BHE défectueuse 25
Figure 14 : Cartographie fonctionnelle per-opératoire 30
Figure 15 : Mécanisme d'action du Témozolomide (Benouaich-Amiel et al., 2005) 35
Figure 16 : Schéma thérapeutique utilisé dans le protocole rapporté par Stupp et al. 35
Figure 17 : Planification d'une chimiothérapie dans les gliomes malins de degré III et IV 46
Figure 18 : Spectre électromagnétique 48
Figure 19 : Positions des bandes d'adsorption d'un spectre I.R 52
Figure 20 : Exemple de vibrations atomiques : la chaîne hydrocarbonée 53
Figure 21 : Principe de la diffusion Raman 54
Figure 22 : Diagramme de Jablonski 55
Figure 23 : Profil spectral obtenu sur un échantillon cellulaire ou tissulaire
par spectroscopie Raman 56
Figure 24 : Schéma d'un spectromètre Raman de laboratoire pour l'étude
de tissus et coupes de tissus 59
Figure 25 : Système Raman mobile utilisé en clinique et destiné aux acquisitions rapides 61
Figure 26 : A Photographie d'une cellule séchée d'ostéosarcome, B Cartographie Raman pseudo colorée
reconstruite sur la base d'intensité des bandes Raman.. 62
Figure 27 : Processus de carcinogenèse 64
Figure 28 : A et B Cryocoupes de tissu cérébral (a), images IR (b), ... 68

Tableaux

Tableau I : Classification actuelle des gliomes selon le grade 14
Tableau II : Critères diagnostiques de la classification OMS 2000 15
Tableau III : Correspondance entre les classifications Sainte-Anne et OMS 2000 17

PARTIE I : CARACTERISATION DU TISSU CEREBRAL SUR UN MODELE DE GLIOME INDUIT CHEZ LE RAT PAR SPECTROSCOPIE INFRA-ROUGE

Figures

Figure 1 : Photomicrography of HE stained healthy brain tissue (A) and glioma tissue (B) sections and pseudocolor FTIR maps (C) and (D). 895

Figure 2 : Representative cluster-averaged IR spectra collected from healthy brain and glioma tissue sections in the spectral region (A) 750 cm^{-1} to 1900 cm^{-1}, and (B) 2500 cm^{-1} to 3800 cm^{-1}. Spectra are shown with the same color scale than in pseudo color maps C and D. 896

Figure 3 : Photomicrography of a brain tissue section at low (A) and high (B) magnification, respectively. 897

PARTIE II: DISCRIMINATION ENTRE TISSUS SAIN, TUMORAL ET NECROTIQUE SUR UN MODELE DE GLIOME INDUIT CHEZ LE RAT PAR IMAGERIE SPECTRALE RAMAN

Figures

Figure 1 : Photomicrographs (H&E staining) of healthy (A) and glioma (B, C, and D) brain tissue sections. Pseudocolor Raman maps E, F, G and H 2608
Figure 2 : Positive difference between cluster averaged spectra associated to healthy tissue. 2609
Figure 3 : Positive difference between cluster averaged spectra associated to tumor tissue. 2610
Figure 4 : Immunohistochemical staining 2611
Figure 5 : Dendrogram obtained from hierarchical cluster analysis on spectral cluster averages associated to different tissue types. 2612

PARTIE III: EFFET DE LA PROGRESSION TUMORALE SUR L'ARCHITECTURE TISSULAIRE ET INFLUENCE DE CES MODIFICATIONS SUR LA DISTRIBUTION D'UN ANTICANCEREUX

Figures

Figure 1 : Site d'implantation des cellules tumorales C6. Vue dorsale du crâne du Rat. 79
Figure 2 : Imageur infrarouge Spotlight 300 80
Figure 3 : Schéma récapitulatif du protocole de traitement des données 82

Figure 4 : (A) Shéma d'une sonde de microdialyse et (B) de son extrèmité présentant la membrane de dialyse... *83*

Figure 5 : Photographie d'une membrane de microdialyse *84*

Figure 6 : Canule guide *86*

Figure 7. Animal placé dans un cadre stéréotaxique *86*

Figure 8 : Sonde de microdialyse CMA/11... *88*

Figure 9 : Cartographies spectrales mettant en évidence les différentes structures cérébrales saines et tumorales *93*

Figure 10 : Spectres IR représentant les clusters moyens collectés à partir des coupes de tissus sain et tumoral dans la région spectrale allant de 900 à 1800 cm^{-1} *94*

Figure 11 : Cartographies spectrales mettant en évidence la contribution des éléments majoritaires présents dans le tissu cérébral *96*

Figure 12 : Cartographies spectrales mettant en évidence la contribution des éléments principaux retrouvés *96*

Figure 13 : Site d'implantation de la sonde de microdialyse dans le tissu tumoral gliome C6) d'un rat mâle Wistar. *98*

Figure 14 : Evolution des concentrations de méthotrexate chez le Rat Wistar mâle porteur d'un gliome C6 à J 7 .... *100*

Figure 15 : Evolution des concentrations de méthotrexate chez le Rat Wistar mâle porteur d'un gliome C6 à J 9 .... *100*

Figure 16 : Evolution des concentrations de méthotrexate chez le Rat Wistar mâle porteur d'un gliome C6 à J 12 .... *101*

Figure 17 : Evolution des concentrations de méthotrexate chez le Rat Wistar mâle porteur d'un gliome C6 à J 15 .... *101*

Figure 18 : Evolution des concentrations plasmatiques moyennes de méthotrexate en fonction du temps chez le Rat Wistar mâle porteur d'un gliome C6, à différents stade de développement, ... *102*

Figure 19 : Evolution des concentrations moyennes de méthotrexate dans le liquide extracellulaire du tissu tumoral C6 en fonction du temps chez le Rat Wistar mâle porteur d'un gliome C6, ... *102*

Tableaux

Tableau I : Rendement in vivo (%) déterminé dans le tissu tumoral et dans l'hémisphère *99*

Tableau II : Paramètres pharmacocinétiques plasmatiques du méthotrexate chez le Rat Wistar mâle porteur d'un gliome C6 après injection I.V.... *104*

Tableau III : Paramètres pharmacocinétiques du méthotrexate libre dans le tissu tumoral *104*

PARTIE IV: DEVELOPPEMENT DE LA SPECTROSCOPIE RAMAN INTRA VITALE SUR LE PETIT ANIMAL DANS L'ETUDE DE LA PROGRESSION TUMORALE

Figures

Figure 1 : Schéma du spectromètre Raman axial d'après (Tfayli et al., 2007) 111

Figure 2 : Représentation schématique du spectromètre. 112

Figure 3 : Cerveau présentant un gliome C6 après 20 jours de développement tumoral 115

Figure 4 : Macro-échantillon frais présentant un gliome C6 (ellipse rouge) 115

Figure 5 : Schéma présentant les différentes structures observées sur une coupe de cerveau de rat 116

Figure 6 : Montage expérimental présentant la zone d'acquisition spectrale 117

Figure 7 : Montage expérimental présentant la vis permettant de refermer l'ouverture réalisée pour les acquisitions spectrales 117

Figure 8 : Schéma représentant les structures cérébrales présentes au niveau du site d'injection des cellules tumorales. 118

Figure 9: Dendrogramme présentant la discrimination entre matière blanche et matière grise 119

Figure 10 : Dendrogramme présentant la discrimination entre tissu sain et tumeur 120

Figure 11 : Spectres moyens extraits à partir des structures cérébrales saines et de la tumeur 121

Figure 12 : Dendrogramme présentant la discrimination entre tissu sain, tumeur et zone péritumorale 122

Figure 13 : Suivi de la tumeur au cours de son développement 123

Chapitre I

SITUATION DU SUJET

I.1. SITUATION DU SUJET

La dernière décennie a été marquée par des progrès considérables dans la compréhension des phénomènes physiologiques et pathologiques du système nerveux central. Le domaine particulier des tumeurs cérébrales n'y a pas échappé et a fait l'objet d'innovations importantes tant sur le plan clinique que sur celui des connaissances fondamentales. Cependant, malgré les progrès réalisés, le traitement des tumeurs cérébrales reste encore décevant justifiant le développement de nouvelles approches thérapeutiques. Les tumeurs cérébrales sont des processus expansifs se développant au dépens des structures de la boite crânienne. Les tumeurs cérébrales présentent une très grande diversité et leur localisation particulière rend leur étude et leurs traitements complexes. Les tumeurs cérébrales peuvent être classées en tumeurs « primitives » qui se développent à partir de cellules d'origine cérébrale et en tumeurs « secondaires » ou métastases.

L'incidence des tumeurs cérébrales primitives de l'adulte est d'environ 5 /100 000 habitants et par an et elles représentent 2% de la mortalité par cancer. Elles occupent le 1er rang des tumeurs solides chez l'enfant, représentent la 2ème cause de décès chez l'enfant de moins de 15 ans et la 3ème cause de décès par tumeur chez les 15-34 ans (Sherwood et al., 2004), (Wen et al., 2006a). Bien que l'apparente augmentation d'incidence de ces tumeurs au cours des deux dernières décennies semble principalement liée à l'amélioration du diagnostic précoce, ces tumeurs n'en restent pas moins une préoccupation clinique majeure et leur traitement représente un véritable défi.

Actuellement, le traitement des tumeurs cérébrales primitives repose surtout sur la chirurgie et la radiothérapie. Les avancées technologiques dans ces domaines respectifs, associées à l'amélioration de l'imagerie, de l'anesthésie réanimation et des traitements péri opératoires ont contribué à améliorer la qualité de la prise en charge des patients. Cependant, le pronostic pour les patients reste sombre (Wen et al., 2006b). En effet, si la chirurgie et la radiothérapie permettent un contrôle local de la tumeur, l'un des principaux défis est l'action sur les éléments tumoraux infiltrants qui entraînent le plus souvent une exérèse incomplète et une rechute survenant dans plus de 90 % des cas en périphérie du « lit tumoral » ou à son voisinage immédiat (Dhermain et al., 2005). La fragilité du cerveau et l'irréversibilité des lésions neuronales rendent

Situation du sujet

comptent de la gravité potentielle que représente le traitement chirurgical. En effet, le cerveau est non seulement le centre de contrôle de toutes les fonctions physiologiques, mais il est aussi le gardien de notre humanité, nos émotions, notre mémoire et notre personnalité. C'est pourquoi il est primordial d'identifier précisément la zone tumorale ainsi que ses limites, afin d'optimiser le rapport bénéfice/risque pour le patient en réalisant une exérèse la plus complète possible sans léser les régions cérébrales essentielles.

Cependant, si le pronostic apparaît directement corrélé à l'étendue de la résection tumorale, ces dernières années, la chimiothérapie anticancéreuse a démontré une certaine efficacité. En effet, l'utilisation de nouvelles substances et l'optimisation de leur utilisation ont permis de compléter l'arsenal thérapeutique. Longtemps considérée comme marginale dans la prise en charge de cette pathologie, la chimiothérapie ajoutée au traitement de référence a fait apparaître une augmentation significative de la médiane de survie après résection totale ou subtotale (Osoba et al., 2000), (Yung et al., 2000), (Stewart, 2002). Toutefois, le succès thérapeutique peut être limité dans le traitement des tumeurs du système nerveux central (SNC) en raison de deux facteurs, la résistance naturelle ou acquise des cellules tumorales à la chimiothérapie (Tannock et al., 2002) et les problèmes d'acheminement liés aux barrières hémato-encéphalique (BHE) et hémato-tumorale (BHT). A ces deux principaux facteurs viennent s'ajouter la réduction des débits sanguins liés à l'augmentation de la pression intra crânienne due à la croissance tumorale et au développement de l'œdème péritumoral, ainsi que les anomalies de la vascularisation tumorale (Ohtsuki and Terasaki, 2007).

Le rôle de la BHE et de la BHT dans l'acheminement des médicaments au sein du tissu cérébral et tumoral est bien connu et en partie responsable de la faible distribution des médicaments anticancéreux au sein du parenchyme cérébral et tumoral. Ainsi, ces barrières représentent un défi majeur dans le traitement des tumeurs cérébrales en empêchant la diffusion de ces substances jusqu'aux cellules tumorales. De ce fait, une meilleure compréhension des mécanismes impliqués dans le passage tissulaire du médicament dans le tissu tumoral est primordiale dans l'amélioration de la prise en charge des tumeurs cérébrales ainsi que dans la poursuite des investigations visant à la mise au point de nouveaux médicaments et de nouvelles méthodes d'administration.

Situation du sujet

L'optimisation du traitement des tumeurs cérébrales passe donc non seulement par l'amélioration des thérapeutiques chirurgicales passant par une délimitation plus précise de la masse tumorale mais également par la mise en œuvre de thérapeutiques plus adéquates et efficaces permettant le contrôle et la destruction des zones d'infiltration inaccessible à la chirurgie.

Face à un tel défi, l'utilisation des microspectroscopies optiques présente un intérêt majeur. En effet, depuis peu, de nouvelles techniques d'imagerie spectrales permettent d'obtenir des images chimiques (informations intrinsèques sans marquage) permettant la caractérisation tissulaire, ont émergées. Parmi ces applications, les microspectroscopies Raman et infrarouge, techniques vibrationnelles sont capables de fournir des détails non seulement sur la composition chimique mais également sur la structure et les interactions moléculaires au niveau tissulaire et cellulaire. Les spectres obtenus constituent « l'empreinte moléculaire » du tissu étudié. Ces techniques microspectroscopiques permettent d'appréhender, sur un plan moléculaire, les transitions entre les tissus sains et pathologiques, transitions difficilement décelables à l'aide des seules méthodes morphologiques (Eikje et al., 2005). En effet, une tumeur maligne exerce une influence significative sur son environnement immédiat, et génère au sein de cet environnement des modifications structurales et/ou métaboliques, appelées "Malignancy Associated Changes ou MAC". La nature de ces modifications est encore peu connue, mais des études récentes indiquent qu'elles présentent un intérêt pronostique (Netti et al., 2000), (Pluen et al., 2001). En effet, elles correspondent à des zones de tissu sain, ou supposé tel, dont certaines caractéristiques cytométriques ou spectroscopiques sont modifiées. Ces modifications, plus ou moins importantes, pourraient traduire une capacité plus ou moins forte de la tumeur à s'étendre dans le tissu sain (Bakker Schut et al., 2000). Différentes études utilisant ces approches ont été menées sur des tissus comme la peau (Hammody et al., 2005), le sein (Haka et al., 2005), le poumon (Huang et al., 2003), et l'utérus (Rigas et al., 2000). Ces études révèlent des changements spectraux caractéristiques du tissu tumoral, révélant tout le potentiel des microspectroscopies vibrationnelles dans la détection de tissus affectés par un désordre biologique.

Ce travail de thèse a été initié dans le but d'apporter des informations supplémentaires dans la compréhension des mécanismes moléculaires impliqués dans la progression des tumeurs gliales et dans la distribution des médicaments au sein de ces tissus. Parmi ces tumeurs un intérêt particulier a été porté aux glioblastomes (GBM) qui représentent les tumeurs cérébrales primitives les plus agressives.

Nous nous sommes attachés à caractériser, d'abord par microspectroscopies optiques (Raman et infrarouge), les empreintes moléculaires des différentes structures cérébrales saines et tumorales ainsi que l'interface entre ces deux tissus, témoin de la progression et de l'invasion tumorale dans un modèle de GBM induit chez le Rat. Ensuite, nous nous sommes attachés à déterminer par imagerie spectrale l'effet de la progression tumorale sur l'architecture tissulaire et les conséquences de ces modifications structurales sur la distribution tissulaire des médicaments.

Chapitre I

RAPPEL BIBLIOGRAPHIQUE

I.2. LES TUMEURS CEREBRALES

L'incidence des tumeurs primitives du SNC en France, est estimée 4 à 5 cas pour 100 000 habitants et par an. Elles représentent la seconde cause de cancer chez l'enfant, après les leucémies (Grill et al., 2007). La forte morbidité et mortalité associée à leur diagnostic font de cette pathologie un domaine d'études scientifiques de prédilection (Sherwood et al., 2004). Sous le terme « tumeurs cérébrales », on entend ici toutes les tumeurs se développant à l'intérieur de la boîte crânienne et principalement les tumeurs « primitives » ayant pour origine les cellules du cerveau.

I.2-1 Le système nerveux

Le système nerveux est un système complexe. Il se compose de centres nerveux chargés de recevoir, d'intégrer et d'émettre des informations ; et de voies nerveuses qui conduisent ces informations.

I.2-1-1 Point de vue anatomique

Du point de vue anatomique, on divise le système nerveux en trois parties (*Figure 1*) (Rouvière and Delmas, 2002).

1) Le système nerveux central (SNC) encore appelé névraxe, profondément situé dans des cavités osseuses (boîte crânienne et canal vertébral) et entouré de membranes appelées méninges, comprend deux parties:

   ✓ l'encéphale, intracrânien
   ✓ la moelle épinière, intrarachidienne.

2) Le système nerveux périphérique (SNP), représenté par les nerfs qui se détachent du névraxe dont certains recueillent l'information et d'autres diffusent les ordres.

3) Le système nerveux végétatif (SNV) subdivisé en système nerveux sympathique et parasympathique. Ses nerfs interviennent plutôt dans la régulation des fonctions internes et contribuent à l'équilibre du milieu intérieur en coordonnant des activités comme la digestion, la respiration, la circulation sanguine, la sécrétion d'hormones.

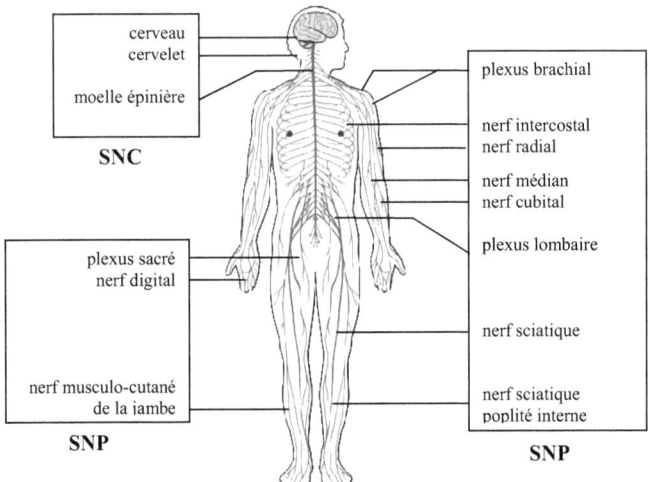

Figure 1 : Le système nerveux chez l'homme
SNC : Système Nerveux Central, SNP : Système Nerveux Périphérique

Nous nous attacherons dans cette étude à approfondir les atteintes situées principalement au sein du SNC et particulièrement de l'encéphale.

I.2-1-2 Point de vue cellulaire

Au sein du tissu nerveux, deux types de cellules majoritaires sont retrouvés, les neurones qui sont les unités excitables qui produisent et transmettent les signaux et les cellules gliales qui protègent et nourrissent les neurones. Au sein du SNC, on distingue quatre types de cellules gliales différents constituant la névroglie :

1. les astrocytes,
2. les oligodendrocytes,
3. les épendymocytes et
4. les cellules de la microglie.

Dans le SNC, le soutien glial est principalement assuré par les astrocytes et les oligodendrocytes. Ces cellules gliales (*Figure 2*) sont à l'origine des gliomes, constituant un ensemble hétérogène où chaque variété tumorale correspond à l'une des cellules souches du tissu neuro-épithélial primitif.

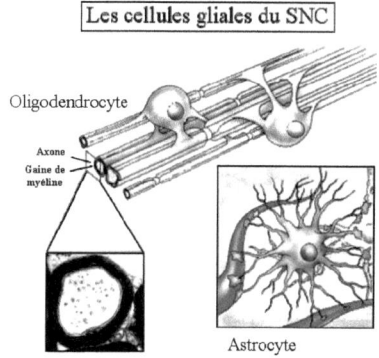

Rôles des cellules de la glie centrale

- **Astrocytes:** soutien nutritif, homéostasie périaxonique et synaptique, élimination des neurotransmetteurs, formation de la cicatrice gliale lors de traumatisme.

- **Oligodendrocytes:** forment la gaine de myéline, un isolant électrique qui facilite la conduction de l'influx nerveux le long de l'axone.

- **Cellules épendymaires:** tapissent les cavités internes de l'encéphale et constituent une barrière entre le liquide céphalo-rachidien et le tissu nerveux

- **Cellules microgliales:** assurent la défense du SNC contre les attaques virales et bactériennes.

Figure 2 : Les cellules gliales

I.2-2 L'encéphale

L'encéphale comprend plusieurs parties: le cerveau, le tronc cérébral et le cervelet. Le cerveau, organe le plus complexe du corps humain est l'étage le plus élevé dans la hiérarchie fonctionnelle du SNC. Son fonctionnement est intimement lié à sa structure et à son organisation en substance grise et substance blanche. La surface des hémisphères est constituée majoritairement de substance grise et les ponts inter-hémisphériques de substance blanche.

I.2-2-1 La substance grise

C'est la partie du cerveau qui permet à l'espèce humaine de se distinguer autant des autres espèces. La substance grise comprend le cortex et les noyaux gris centraux. Le cortex cérébral est une fine couche de substance grise qui recouvre les hémisphères cérébraux. Il comprend à lui seul 75% des cent milliards de neurones du cerveau.

D'un point de vue anatomique, le cortex est divisé en cinq lobes : le lobe frontal, situé en avant du sillon central, le lobe pariétal, situé en arrière de ce même sillon central, le lobe occipital qui occupe la partie la plus dorsale du cortex, le lobe temporal, situé sur la partie latérale du cerveau, enfin le lobe de l'insula, enfoui au fond de la vallée sylvienne (*Figure 3*). A ces cinq lobes s'ajoute le lobe limbique, situé le long de la zone médiale du cortex, en profondeur de la région inter-hémisphérique.

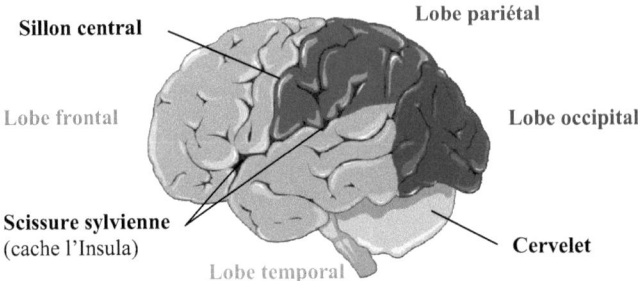

Figure 3 : Les lobes du cortex cérébral.

Les cellules nerveuses du cortex présentent une organisation caractéristique en couches parallèles à la surface du cerveau, qui sont au nombre de six : (aires de Brodmann (1909), atlas de Von Economo et Koskinas (1925))

- Couche moléculaire : contient essentiellement des fibres (axones et dendrites).
- Couche granulaire externe : neurones granulaires (couche réceptrice).
- Couche pyramidale externe : cellules pyramidales (couche effectrice).
- Couche granulaire interne (couche réceptrice).
- Couche pyramidale interne (couche effectrice).
- Couche polymorphe.

La *Figure 4* illustre cette organisation en couches pour certaines régions du cortex. On constate que les différences histologiques se retrouvent à l'échelle macroscopique, aussi bien d'un point de vue anatomique que fonctionnel. En plus de cette disposition laminaire, les connections neuronales dans le cortex sont disposées en colonnes verticales, contenant des neurones différents, mais qui concernent les mêmes territoires périphériques.

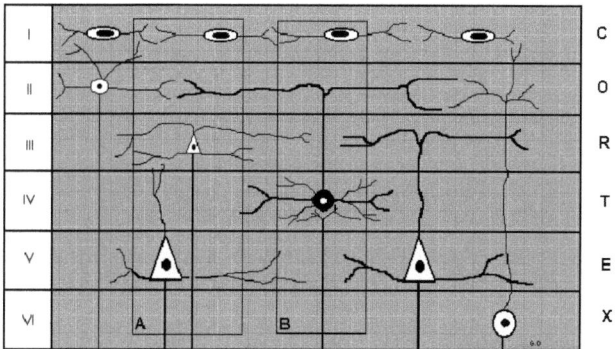

Figure 4 : Architectonie du cortex cérébral
I : cellules d'association superficielles. II : cellules d'association intra-hémisphériques. III : petites cellules pyramidales. IV : cellules de projection sensitives et sensorielles. V : grandes cellules pyramidales de Betz (origine du faisceau pyramidal). VI : cellules d'association inter-hémisphériques (fibres calleuses). A et B : structure fonctionnelle en colonnes.

Les noyaux gris centraux sont des structures de substance grise internes (*Figure 5*), impliqués dans des boucles complexes qui les lient à différentes aires du cortex et comprennent :

- ✓ le striatum, constitué du putamen et du noyau caudé ;
- ✓ le globus pallidus ou pallidum qui, avec le putamen latéral, forment le noyau lenticulaire ;
- ✓ le claustrum, qui forme une étroite bande de substance grise entre le putamen et l'insula ;
- ✓ le thalamus, subdivisé en de nombreux sous-noyaux.

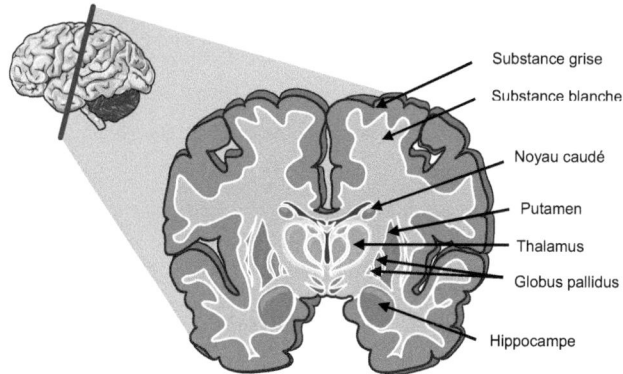

Figure 5 : Les noyaux gris centraux.

I.2-2-2 La substance blanche

La complexité du cerveau s'explique en partie par la multitude des interactions entre ses différents composants. La substance blanche correspond aux gaines de myéline qui recouvrent les axones pour en accélérer la conduction. Ces axones myélinisés s'assemblent en faisceaux pour établir des connexions avec d'autres groupes de neurones. La substance blanche consiste donc en un assemblage de fibres d'association intra-hémisphériques et inter-hémisphériques.

Les commissures inter-hémisphériques, regroupent le corps calleux, la plus importante (environ 300 millions de fibres) et les commissures antérieure et postérieure (*Figure 6*).

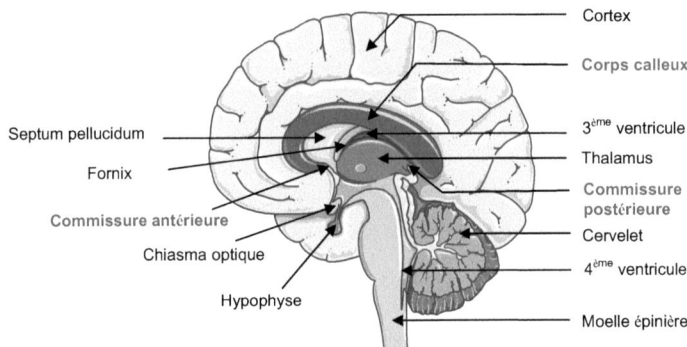

Figure 6 : Schéma représentant les différentes structures du cerveau

Ainsi le cerveau est l'organe le plus complexe du corps humain et sa complexité n'a d'égale que sa fragilité. La présence de tumeurs cérébrales primitives en modifie la structure et donc, influence grandement le fonctionnement. Ces tumeurs recquièrent une stratégie thérapeutique à long terme, qui tient compte de différents facteurs : le type de gliome, sa localisation, son historique. Aussi, il est très important de pouvoir différencier et classer ces tumeurs afin de pouvoir évaluer le pronostic et les possibilités thérapeutiques à mettre en place.

I.2-3   Les gliomes malins : tumeurs primitives les plus fréquentes

Tumeurs primitives du SNC les plus fréquentes, les gliomes constituent un ensemble hétérogène où chaque variété tumorale correspond à l'une des cellules souches du tissu neuro-épithélial primitif. On distingue parmi ces gliomes :

Les tumeurs cérébrales

- ✓ les astrocytomes dérivant des astrocytes, cellules ancillaires qui environnent les neurones ;
- ✓ les oligodendrogliomes dérivant des cellules qui produisent les gaines des fibres nerveuses ;
- ✓ les épendymomes provenant des cellules du revêtement des ventricules cérébraux.

I.2-3-1 Les astrocytomes

Ce sont des tumeurs de la lignée astrocytaire qui représentent 90% des gliomes. Ces tumeurs sont malignes, infiltrantes et ne présentent généralement pas de limite nette avec le tissu sain avoisinant. La croissance tumorale est plus ou moins rapide suivant le degré de malignité (Stupp et al., 2007). Parmi ces tumeurs on trouve tous les grades de malignité allant de l'astrocytome pilocytique (malignité la plus faible) au GBM *multiforme* (malignité la plus élevée). L'augmentation du volume tumoral déforme les structures cérébrales adjacentes et les envahit. Un oedème péri-tumoral est constamment retrouvé.

Ces GBM surviennent à tous les âges mais avec un pic de fréquence entre 50 et 60 ans. Ce sont des tumeurs très infiltrantes, en général volumineuses, développées dans le cortex et la substance blanche. Mais, ces GBM peuvent aussi être beaucoup plus petits et limités et sont découverts plus précocement quand ils siègent dans une zone cérébrale particulièrement révélatrice, comme certaines zones motrices. Le faible volume de la lésion ne signifie pas que leur malignité est moindre (Bauchet et al., 2004). Ils peuvent être primitifs, ou provenir de la transformation d'un astrocytome. Ils se caractérisent par un grand polymorphisme des cellules tumorales et présentent une vascularisation d'autant plus importante que la tumeur est maligne et évolutive. Dans ce cas, la croissance est rapide et la tumeur est caractérisée par la présence d'une zone de nécrose induite par hypoxie des cellules tumorales (Philippon, 2004d).

I.2-3-2 Les oligodendrogliomes

Les oligodendrogliomes représentent 5% des tumeurs cérébrales primitives. Ce sont en général des tumeurs d'évolution lente, localisées essentiellement au niveau des hémisphères cérébraux, dans la substance blanche avec extension au cortex. Ce sont des tumeurs infiltrantes développées à partir des oligodendrocytes. Elles sont bien circonscrites dans le cerveau, souvent calcifiées, assez peu vascularisées, et d'évolution lente (Philippon, 2004a).

I.2-3-3 Les oligoastrocytomes

Les oligoastrocytomes sont les gliomes mixtes les plus fréquents. Ils sont caractérisés par l'association de deux composantes, astrocytaire et oligodendrogliale. Cette particularité aboutit à l'observation de deux types d'oligoastrocytomes, biphasiques ou diffus selon le degré d'implication des deux composantes.

I.2-3-4 Les épendymomes

Ce sont des tumeurs malignes développées à partir des cellules épendymaires qui bordent les cavités ventriculaires cérébrales. Elles sont plus fréquentes au niveau du IVème ventricule (70 % des cas) et chez les enfants et adultes jeunes. Les épendymomes représentent 5 % des tumeurs primitives du cerveau. Les épendymomes peuvent devenir anaplasiques et leur exérèse chirurgicale complète est rarement possible (Reni et al., 2007).

1 2-4   Classification des gliomes malins

Les différents types de gliomes sont ordonnés en classes croissantes de malignité ou « grade » de malignité selon différentes classifications. Dans ce travail, nous nous sommes attachés aux gliomes les plus fréquents et dont la classification est sujette à controverse. Ainsi, malgré les progrès réalisés tant au niveau anatomopathologique qu'au niveau de l'imagerie, la classification des tumeurs primitives du SNC peut rester difficile. Schématiquement, il est possible de différencier les tumeurs cérébrales soit en fonction de leur type histologique, soit de leur localisation. En effet, chaque type de tumeur a ses particularités en terme d'histologie, de topographie, de pronostic. Si chacun de ces termes a sa signification propre, ils apparaissent étroitement liés entre eux.

- ➤ L'histologie est associée à l'origine tissulaire de la tumeur et son degré de malignité.
- ➤ La topographie est associée à l'agressivité de la tumeur en terme de conséquences neurologiques et d'accessibilité au traitement chirurgical.
- ➤ Le pronostic est lié au degré d'extension de la tumeur au moment du diagnostic autant que son grade histologique.

I.2-4-1 Classification histologique

En pratique clinique, il est primordial de trouver une nomenclature histologique universelle, c'est-à-dire un répertoire permettant à tous les neuropathologistes de donner le même nom à des tumeurs phénotypiquement reconnaissables comme identiques et ayant un schéma commun d'évolution clinique prévisible, en somme d'unifier la terminologie, afin de permettre la comparaison des études sur le plan international. C'est ce vers quoi tend la classification réalisée

Les tumeurs cérébrales

par l'Organisation Mondiale de la Santé (OMS). La classification OMS la plus récente, a été éditée en 2000 (Kleihues and Sobin, 2000) et repose sur 2 types de données essentielles :

- ✓ le type cellulaire présumé c'est-à-dire, les similarités cytologiques entre cellules gliales matures « normales » et cellules tumorales.
- ✓ le grade histopronostique ou degré de malignité (quatre grades de malignité croissante sont individualisés). Ce grade est fonction de la présence ou non de critères de malignité tels que l'atypie nucléaire, les mitoses, la prolifération endothéliocapillaire et la nécrose.

Cependant, cette classification souffre d'un défaut majeur de reproductibilité. (Benouaich-Amiel, 2005, (Figarella-Branger and Bouvier, 2005; Taillibert et al., 2004a).

I.2-4-1-1 Classification OMS des gliomes

Depuis la première édition de la classification de l'OMS *(Zülch, 1979)*, le « grading OMS » fut souvent confondu avec les systèmes de « grading histologique » tels que Kernohan et d'autres l'avaient imaginé pour désigner schématiquement les stades de dédifférenciation et de malignisation croissante d'une tumeur. Il convient donc de s'entendre sur la définition des principales entités et surtout la signification du « grading ». En effet, le « grading OMS » doit être considéré comme une échelle de malignité indiquant le comportement biologique et donc le pronostic clinique moyen des entités tumorales ayant le même grade. Par conséquent, dans cette classification, les grades ont essentiellement une signification pronostique et doivent être compris comme des degrés de malignité et non comme des étapes de malignisation. Ainsi, selon la classification histologique de l'OMS, on peut décrire quatre grades tumoraux (***Tableau I***)

Tableau I : Classification actuelle des gliomes selon le grade
(A : Astrocytome, O : Oligodendrogliome, OA : Oligoastrocytome)

Grade	Astrocytome	Oligodendrogliome	Gliome mixte	Survie médiane
I	A. pilocytique			10 ans
II	Astrocytome	Oligodendrogliome	Oligoastrocytome	6 à 8 ans
III	A. anaplasique	O. anaplasique	OA. anaplasique	1,5 à 2,5 ans
IV	Glioblastome			0,5 à 1 an

Le grading de l'OMS attribue aux tumeurs à évolution lente dites *"de bas grade"* tantôt le grade I, tantôt le grade II selon leur caractère circonscrit ou non. La **Figure** 7 résume les caractères essentiels des tumeurs regroupées selon leur grade. Les tumeurs de grade I sont circonscrites et ont donc un meilleur pronostic que celui des tumeurs de grade II, dont les limites imprécises ou l'extension diffuse (appelée erronément infiltrante) interdisent souvent l'exérèse chirurgicale complète.

Histologie

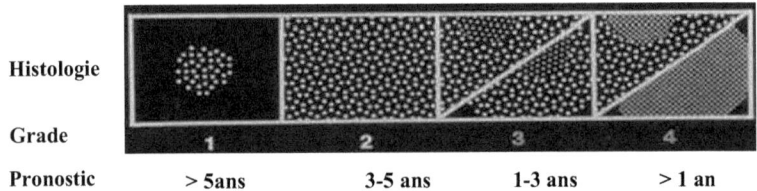

Grade

Pronostic   > 5ans   3-5 ans   1-3 ans   > 1 an

Figure 7 : Grading biologique des tumeurs du système nerveux central

Les tumeurs *"de haut grade"* sont caractérisées par leur croissance rapide. La présence de foyers anaplasiques dans une tumeur de bas grade lui confère le grade III. Lorsque des signes marqués d'anaplasie sont présents dans une grande partie ou dans l'ensemble de la tumeur, on parle alors de tumeur de grade IV. L'expérience clinique montre que les tumeurs de grade III évoluent moins vite que les tumeurs de grade IV (Kleihues and Cavenee, 1997).

Tableau II : Critères diagnostiques de la classification OMS 2000
(A : Astrocytome, GBM: Glioblastome, O : Oligodendrogliome, OA : Oligoastrocytome)

Tumeur Grade	Différenciation	Densité cellulaire	Atypies cytonucléaires	Activité mitotique	Nécrose	Prolifération
A II	Élevée	Modérée	Occasionnelles	≤ 1 mitose	Absente	Absente
A III	Anaplasie focale ou dispersée	Augmentée diffusément ou focalement	Présentes		Absente	Absente
A IV ou GBM	Faible	Élevée	Marquées	Marquée	Présente	Présente
O II	Élevée	Modérée	Possibles	Occasionnelle	Absente	Absente
O III	Anaplasie focale ou dispersée	Augmentée		Possiblement forte	Possible	Possible
OA II	Élevée	Faible ou modérée	?	Absente ou faible	Absente	Absente
OA III	?	Augmentée		Possiblement forte	Possible	Possible

Les critères de diagnostic des gliomes selon l'OMS, sont rapportés dans le *tableau II*. Malgré l'existence de tous ces critères, la classification des gliomes demeure actuellement délicate. En effet, si la classification internationalement reconnue reste celle de l'OMS, son manque de reproductibilité entrave de façon considérable l'évaluation de l'efficacité des thérapeutiques.

I.2-4-1-2 Classification Sainte-Anne des gliomes

Pour pallier à ces problèmes de reproductibilité rencontrés avec la classification OMS, une autre classification proposée par le Pr. Daumas-Duport de l'hôpital Sainte-Anne (Daumas-Duport et al., 1997b, Daumas-Duport, 1997 #31) intègre des données de la clinique et de l'imagerie. Cette classification permet de définir la structure spatiale des gliomes, de préciser leur mode de croissance et de redéfinir certains critères de diagnostic. Par ailleurs la corrélation entre histologie et imagerie permet d'apprécier la représentativité des prélèvements.

Cette classification distingue, parmi les gliomes infiltrants, les oligodendrogliomes, les oligo-astrocytomes (grade A ou B) et les GBMs. (Figarella-Branger and Bouvier, 2005). Le *grading* des oligodendrogliomes selon Daumas-Duport est mixte : histologique et neuroradiologique. Il repose sur deux critères : l'hyperplasie des cellules endothéliales et la prise de contraste en imagerie. Deux grades de malignité sont ainsi définis :

- ❖ **le grade A**, caractérisé par l'absence d'hyperplasie endothéliale et de prise de contraste (survie médiane de 11 ans)
- ❖ **le grade B** qui comporte une hyperplasie endothéliale et/ou une prise de contraste (survie médiane de 3,5 ans) (Daumas-Duport et al., 1997a).

De façon schématique, les oligodendrogliomes purement infiltrants sont toujours de grade A, les oligodendrogliomes de structure mixte, solide et infiltrante peuvent être de grade A ou B, le grade B étant plus fréquent. Ce système de *grading* mixte permet de pallier les problèmes de représentativité des prélèvements. Les oligo-astrocytomes possèdent les mêmes caractéristiques à l'imagerie que les oligodendrogliomes. La classification de l'hôpital Sainte-Anne n'est pas reconnue par la communauté scientifique internationale et la correspondance avec le *grading* de l'OMS (*Tableau III*), si elle peut aisément être réalisé dans certains cas (oligodendrogliomes de grade B, oligodendrogliomes de grade II ou III de l'OMS par exemple), est difficile voire impossible, dans d'autres (oligodendrogliome de grade A *versus* astrocytome anaplasique par exemple s'il existe de rares mitoses). (Figarella-Branger and Bouvier, 2005).

Tableau III : Correspondance entre les classifications Sainte-Anne et OMS 2000

Saint-Anne	OMS 2000
Oligodendrogliome A	Astrocytome (grade II) Astrocytome anaplasique (grade II, III) Oligodendrogliome (grade II)
Oligodendrogliome B	Oligodendrogliome (grade II) Oligodendrogliome (grade III)
Glioblastome	Glioblastome Astrocytome (grade II ou III)

I.2-4-2 Classification topographique

La localisation des tumeurs cérébrales est un paramètre très important. D'une part, elle est à l'origine des symptômes cliniques et d'autre part, elle commande la stratégie thérapeutique, tout particulièrement la possibilité d'une exérèse neurochirurgicale. Le cerveau est contenu entièrement dans l'espace « sus-tentoriel », c'est à dire au dessus de la tente du cervelet.

Le cervelet et le tronc cérébral se situent quant à eux dans l'espace « sous-tentoriel » appelé communément la fosse postérieure. Chez l'adulte, on note une nette prédominance des tumeurs sus-tentorielles et parmi elles les gliomes sont les plus fréquents.

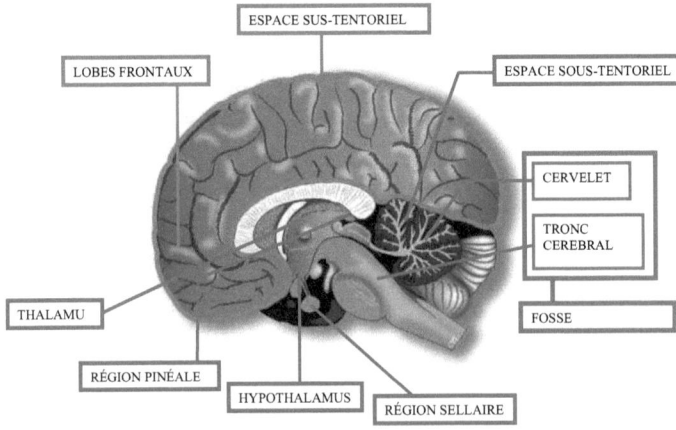

Figure 8 : Classification des tumeurs cérébrales selon la topographie

Les tumeurs cérébrales

Dans l'évaluation du pronostic et des possibilités thérapeutiques d'une tumeur cérébrale, le siège et la nature de celle-ci entrent en jeu et chacun de ces éléments pris séparément perd beaucoup de sa signification. Ainsi, la topographie (*Figure 8*) est certes un critère utile, mais la nature histologique de la tumeur est un critère majeur et indispensable tant pour le diagnostic que pour l'évaluation pronostique globale en terme de survie des tumeurs du SNC (Philippon, 2004b).

I.2-4-3 Autres facteurs pronostiques

Indépendamment du grade de malignité histologique de chaque tumeur, il existe d'autres facteurs pronostiques tel que l'*âge* et *l'état fonctionnel neurologique*. On utilise l'index de Karnofsky (*Annexe 1*) qui évalue le degré de capacité fonctionnelle du patient (Hill et al., 2002), (Taillibert et al., 2004a).

I.2-5 Génétique des gliomes

Les difficultés à classer une tumeur illustrent bien la complexité de la situation. En effet, outre la difficulté à classer en grade la malignité de la tumeur, il est important de pouvoir différencier les sous-catégories de tumeurs qui possèdent les mêmes caractéristiques cliniques, neuroradiologiques et histologiques. Par exemple, distinguer une tumeur astrocytaire d'une tumeur oligodendrocytaire ne s'avère pas un exercice facile (Coons et al., 1997). Des progrès importants ont étés réalisés ces dernières années dans le recensement des altérations moléculaires présentes dans les gliomes. Ces altérations ont été identifiées et certaines ont pu être corrélées avec les données histologiques et cliniques des sous-groupes tumoraux, contribuant ainsi à améliorer la classification histopronostique des gliomes, identifier des facteurs prédictifs et évaluer leur sensibilité aux traitements chimio-et/ou radiothérapeutiques (Taillibert et al., 2004b), (Hoang-Xuan et al., 2005), (Caskey et al., 2000).

I.2-5-1 Les gènes impliqués : oncogènes et gènes suppresseurs de tumeurs

La croissance tumorale résulte en grande partie de l'activation d'oncogènes ou de l'inactivation d'anti-oncogènes. L'enchaînement de ces altérations génétiques est à l'origine de la progression tumorale, certains gènes étant altérés de façon précoce, d'autres intervenant plus tardivement au cours de l'évolution (Behin et al., 2003). La tumorigénèse des gliomes résulte ainsi d'une accumulation d'anomalies génétiques portant :

Les tumeurs cérébrales

✓ *sur des proto-oncogènes,* se traduisant par des modifications de l'expression de gènes codant pour des facteurs de croissance et leurs récepteurs impliqués dans la prolifération cellulaire tels que les facteurs de croissance épidermique (Epidermal growth factor ou EGF), les facteurs de croissance dérivé des plaquettes (Platelet-derived growth factor ou PDGF) et leurs récepteurs respectifs (EGFR et PDGFR), les facteurs de croissance vasculaire (Vascular endothelial growth factor ou VEGF) ainsi que TGFα (Transforming growth factor alpha) mais aussi des chemokines, TNFα (Tumour necrosis factor alpha)....

✓ *sur des gènes suppresseurs de tumeur,* induisant la délétion ou mutation d'un gène inhibant l'activation du cycle cellulaire tels que les gènes codant pour la protéine p53, responsable de la programmation de la mort cellulaire. Parmi ces gènes suppresseurs de tumeur on rencontre également les protéines de régulation du cycle cellulaire parmi lesquelles la protéine du rétinoblastome (pRB), la proteine p16, possédant la capacité de bloquer la transition G1/S et enfin la protéine phosphatase et homologue de la tensine (Phosphatase and TENsin homolog ou PTEN).

Les altérations génétiques diffèrent suivant le type de tumeur considérée. Il est ainsi possible aujourd'hui, à partir de l'étude de l'ADN tumoral, de dresser une carte d'identité génétique dessinant l'ébauche d'une classification moléculaire des tumeurs.

I.2-5-2 Les voies de progression des gliomes

On peut distinguer des altérations précoces présentes dans des gliomes de bas grades, impliquées dans l'initiation, notamment les mutations de p53, les délétions des chromosomes 1p et 19q et d'autres plus tardives, caractéristiques des grades les plus malins. Ces différentes altérations permettent de caractériser des sous-types tumoraux (F*igure 9*). Ainsi, les délétions des chromosomes 1p et 19q caractérisent les oligodendrogliomes typiques alors que les mutations de p53 sont associées aux astrocytomes (Nakamura et al., 2007). L'amplification et/ou le remaniement du gène EGFR sont associés aux formes de GBM apparaissant *de novo*, alors que les mutations de p53, fréquentes dans les astrocytomes de bas grade, sont observées dans les GBM secondaires, les deux altérations étant mutuellement exclusives (Sanson and Taillibert, 2004). L'amplification de EGFR quasi exclusivement observée dans les GBM, suggère qu'il s'agirait d'un événement tardif dans la progression tumorale des tumeurs astrocytaires ; en revanche la présence des altérations de la p53, observée dans tous les grades de malignité, suggère qu'elles interviendraient précocement dans la tumorogenèse et seraient associées aux tumeurs qui progressent vers la malignité selon un processus en « plusieurs étapes ».(Hoang-Xuan et al., 2005). D'autres altérations ont été rapportées telles que des mutations ponctuelles du gène PTEN observées dans les GBM de novo et secondaire ainsi que des délétions du gène suppresseur p16 retrouvées dans les tumeurs astrocytaires et oligodendrogliales.

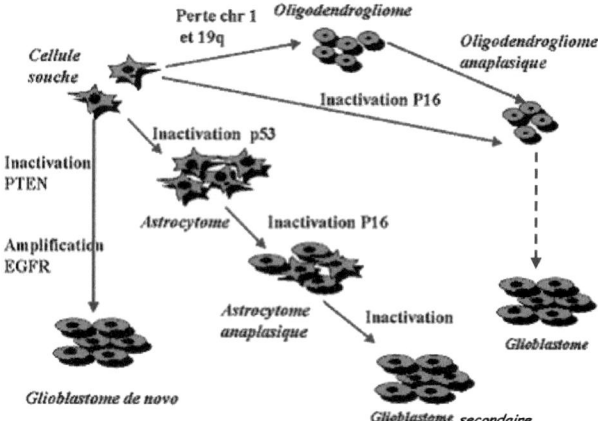

Figure 9 : Les voies de progression des tumeurs gliales

Si le diagnostic de tumeur est généralement aisé, l'identification précise du type tumoral ou de son degré d'évolutivité est souvent beaucoup plus délicate. Il est maintenant bien établi dans le cas des gliomes que le profil moléculaire permet une caractérisation plus précise. En outre celle-ci peut avoir des conséquences cliniques importantes pour les patients car certains profils moléculaires sont prédictifs de réponse au traitement. Ainsi, la délétion des chromosomes 1p et 19q est associée à un meilleur pronostic et à une meilleure chimiosensibilité des oligodendrogliomes (Smith et al., 2001).

I.2-6   Physiopathologie des gliomes malins

1.2-6-1 Développement tumoral

Certains phénomènes sont particulièrement importants dans le cas des tumeurs cérébrales de haut grade et constituent des cibles privilégiées pour les nouvelles stratégies thérapeutiques. Ainsi, le phénotype malin des gliomes est caractérisé par une forte prolifération des cellules tumorales et par l'invasion du parenchyme cérébral mais ne donne classiquement pas de métastase. Ce mécanisme invasif emprunte par ailleurs des voies anatomiques préférentielles le long des fibres blanches, en particulier via le corps calleux, suggérant une permissivité variable du stroma vis-à-vis du processus tumoral (Boudouresque et al., 2005).

1.2-6-2 Invasion, migration et angiogenèse

Le développement d'une lésion tumorale implique le franchissement de barrières anatomiques et repose sur trois mécanismes importants :

- ✓ *invasion* du tissu normal adjacent,
- ✓ *migration* à travers le réseau vasculaire pour coloniser des organes à distance,
- ✓ mais aussi la *néovascularisation* pour se développer au delà d'un certain volume.

1.2-6-2-1 Adhésion cellulaire

La prolifération et l'invasion mettent en jeu des interactions cellulaires multiples parmi lesquelles des interactions adhésives entre les cellules elles-mêmes et entre les cellules et la matrice extracellulaire (MEC). Ces interactions sont sous-tendues par des molécules regroupées sous le nom générique de « molécules d'adhésion » cellulaire (Chinot and Martin, 1996a). Parmi elles, on compte les cadhérines, les intégrines, les immunoglobulines et les sélectines et une glycoprotéine, le CD44 (Nagano and Saya, 2004), (Nagano et al., 2004). Ces molécules sont impliquées dans de nombreux événements biologiques et dans le cas des gliomes malins, certaines (immunoglobulines, cadhérines, intégrines et CD44) sont fortement exprimées et semblent impliquées dans le processus d'invasion (Nakada et al., 2007).

1.2-6-2-2 Remodelage de la matrice extracellulaire

Les protéases, impliquées dans certains phénomènes physiologiques de remodelage-réparation tissulaire, semblent exercer un rôle clé dans le phénomène d'invasion tumorale. Parmi celles-ci, on distingue les activateurs du plasminogène, les cathepsines et les métalloprotéases.

Dans les gliomes malins, les données plaident en faveur du rôle clé qu'exercent ces protéases dans l'invasion. De nombreux auteurs ont démontré la surexpression des metalloproteinases matricielles 2 et 9 (Matrix metalloproteinases ou MMPs) et des MMPs de type membranaires (Membrane–type matrix metalloproteinases ou MT-MMP) dans les gliomes malins (Rao, 2003), (Nakada et al., 2003), (Nakada et al., 2007). Aussi, la surexpression de

Les tumeurs cérébrales

certaines de ces molécules dans les gliomes malins est corrélée avec la néo-angiogenèse et la migration à distance des cellules gliales tumorales; cependant des études doivent être développées afin de mieux cerner les mécanismes liant ces différents événements.

1.2-6-2-3 Mobilité cellulaire et migration

La mobilité des cellules gliales tumorales est stimulée par des facteurs tel que l'EGFR. Ce facteur augmente la prolifération, la migration et l'invasion et inhibe l'apoptose des cellules gliales tumorales (Shinojima et al., 2003), (Staverosky et al., 2005). D'autre part, il a été mis en évidence une capacité migratrice des cellules tumorales impliquant les fibres d'actine plutôt que l'action protéolytique des protéases. Cette migration cellulaire implique une régulation très fine de l'organisation/désorganisation du cytosquelette, en coordination avec l'attachement à des éléments extracellulaires. La plus importante voie de régulation qui lie ces événements met en jeu la tyrosine-kinase FAK (focal adhesion kinase), qui est l'élément central des complexes d'adhérence focale. Cette kinase est activée par les intégrines, les facteurs de croissance et les hormones. Les cellules dont le gène FAK a été invalidé voient diminuer très fortement leur capacité de migration *in vitro* (Wang et al., 2000), (Zagzag et al., 2000), (Lipinski et al., 2003), (Lipinski et al., 2005).

1.2-6-2-4 Angiogenèse

Les gliomes malins sont des tumeurs très vascularisées dans lesquelles le concept établi par Folkman (Folkman, 1995) d'une relation étroite entre croissance tumorale et néo-angiogenèse s'est vérifié. Cette capacité des gliomes à élaborer de nouveaux vaisseaux est une étape essentielle à la progression tumorale. Ce recrutement de nouveaux vaisseaux est assuré par l'expression de facteurs angiogéniques, parmi lesquels des cytokines et des facteurs de croissance dont les plus importants sont la famille VEGF, FGF (Fibroblast Growth Factor), TGFα mais aussi des chemokines, TNFα, IL-8 et les angiopoïétines. (Gerwins et al., 2000). La néovascularisation est un des facteurs qui va permettre de différencier un gliome malin d'un stade bénin (Plate et al., 1992). Ainsi la sécrétion de ces facteurs par les cellules tumorales conduit à une forte réponse angiogénique aboutissant à la formation de vaisseaux anormaux présentant une morphologie tortueuse, un calibre irrégulier avec de nombreuses zones dilatées et une perméabilité accrue (*Figure 10*). En conséquence, cette vascularisation tumorale présente des dérivations anormales, des fuites vasculaires et un faible flux sanguin provoquant des phénomènes de thrombose suivis d'une occlusion vasculaire.

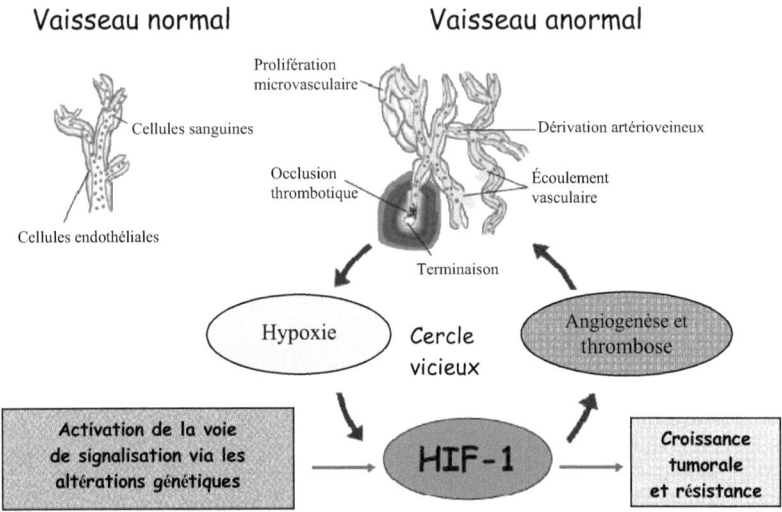

Figure 10 : Activation du cycle HIF-1 dans le cas des gliomes malins

Ces phénomènes entraînent alors une hypoxie qui va stimuler l'activation et l'expression de HIF-1 (Hypoxia-inducible factor 1), activateur puissant de l'angiogenèse. Ces évènements ont lieu au centre de la zone de croissance tumorale, conduisant à une constellation de microrégions d'hypoxie se situant au niveau des cellules pseudopalissadiques délimitant le centre nécrotique nourrissant ainsi l'expression de HIF-1, de l'angiogenèse et de l'expansion tumorale périphérique (*Figure 11*). Tous ces facteurs conduisent ainsi à la croissance tumorale et à la résistance aux thérapeutiques. (Boudouresque et al., 2005), (Preusser et al., 2006).

1.2-7 Conséquences physiopathologiques

L'évolution naturelle de toutes les tumeurs cérébrales se fait vers une augmentation progressive de volume, qu'elle qu'en soit la nature histologique (Philippon, 2004c). Cette évolution a d'importantes conséquences pour le malade, liées au rôle capital du cerveau.

Les tumeurs cérébrales

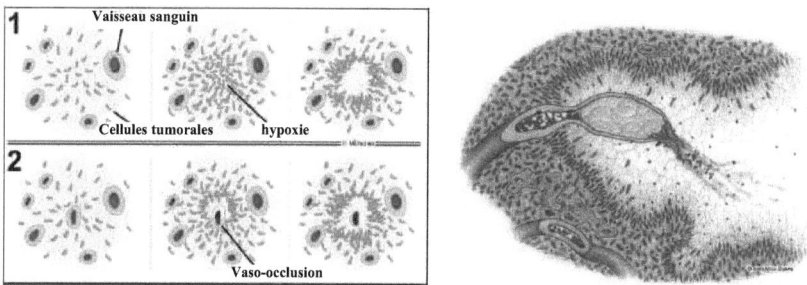

Figure 11 : Représentation schématique de la formation des zones de pseudopalissades dans un GBM

1.2-7-1 Modification de la barrière hémato-encéphalique

La BHE correspond au sens strict à l'interface entre le sang capillaire et le parenchyme cérébral et joue un rôle de protection vis-à-vis du cerveau. A la différence du reste de l'organisme, les cellules endothéliales qui la constituent ne sont pas jointives mais reliées par des jonctions serrées, entourées par une membrane basale continue, elle-même entourée par les pieds des astrocytes (*Figure 12*) (Ohtsuki and Terasaki, 2007). Le passage des différentes substances à ce niveau peut donc se faire par diffusion passive et aussi par des mécanismes actifs faisant appel à des enzymes favorisant ou empêchant le transport transcapillaire. Les facteurs impliqués dans la perméabilité sont la liposolubilité et le faible poids moléculaire.

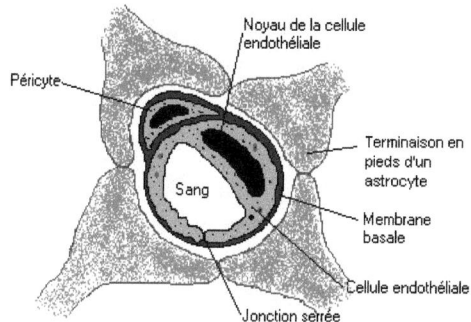

Figure 12 : schéma représentant un capillaire cérébral

Les modifications de cette BHE sont évidentes lors de l'envahissement tumoral. Il ne s'agit pas d'une véritable destruction mais d'un dysfonctionnement local par ouverture des jonctions serrées, fenestration capillaire et augmentation de l'activité vésiculaire pinocytique. Cette rupture de la B.H.E au sein du tissu tumoral apparaît très hétérogène donnant naissance à une barrière hémato-tumorale (B.H.T.). Ces modifications sont en général limitées au pourtour de la tumeur, mais peuvent parfois la déborder, suggérant la possibilité de facteurs d'induction d'origine tumorale. Lors de l'envahissement tumoral, il y a disparition des astrocytes péricapillaires permettant normalement une bonne perméabilité. A ces modifications structurelles, s'ajoute la présence de nombreuses substances telles que les leucotriènes, les prostaglandines, les radicaux libres, le VEGF au niveau de la tumeur elle-même et du tissu péritumoral semblant jouer un rôle sur la perméabilité de la BHE.

1.2-7-2 L'œdème cérébral

L'œdème cérébral est un des phénomènes majeurs associé au développement des gliomes malins et notamment des GBM. Il résulte de la rupture de la BHE permettant le passage de fluide dans les espaces extracellulaires. L'augmentation de la perméabilité capillaire causée par le développement tumoral entraîne le passage dans l'espace extracellulaire d'un filtrat plasmatique riche en protéines ; sa rétention au niveau de l'espace extracellulaire est à l'origine de l'œdème vasogénique (Philippon, 2004c).

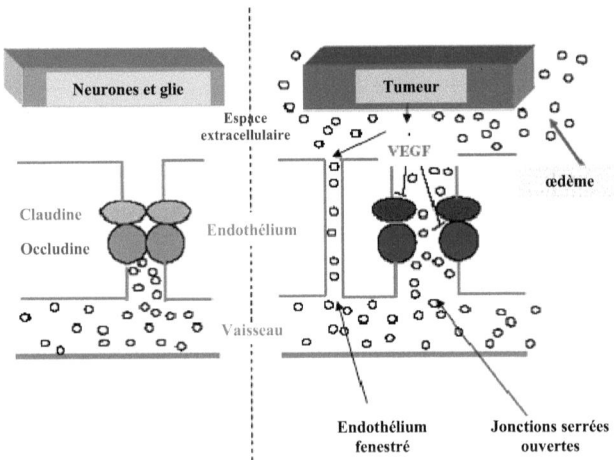

Figure 13 : Formation de l'œdème péritumoral à partir d'une BHE défectueuse

Les tumeurs cérébrales

L'imperfection des jonctions serrées résulte d'une déficience des astrocytes produisant les facteurs requis pour la formation de la BHE mais également de la production par les cellules tumorales de facteurs tel que le VEGF et autres facteurs de croissance augmentant la perméabilité des vaisseaux tumoraux. Cette modification de la perméabilité est en partie obtenue par rétrocontrôle de la claudine et de l'ocludine, constituants moléculaires des jonctions serrées (*Figure 13*). De récentes études on permis de montrer que certaines enzymes protéolytiques issues des gliomes modifiaient la perméabilité tout en facilitant l'invasion du tissu cérébral par les cellules tumorales. L'œdème peut rester très localisé autour de la tumeur ou bien investir la quasi-totalité de l'encéphale et dépend principalement du type de tumeur, les œdèmes plus importants étant observés dans le cas des GBM (Kaal and Vecht, 2004; Papadopoulos et al., 2004; Wen et al., 2006b; Wick and Kuker, 2004).

1.2-8 Diagnostic

1.2-8-1 Les signes cliniques de la maladie

Les symptômes observés dans les des tumeurs cérébrales dépendent de leur topographie. Ces symptômes résultent de la destruction, de l'envahissement ou de la compression du tissu cérébral et sont liés au fait que les tumeurs cérébrales se développent au sein d'une « boîte fermée », le crâne (Paillas et al., 1982). On note dans la symptômatologie :

- ✓ ***L'hypertension intra crânienne (HTIC),*** conséquence clinique directe de l'oedème cérébral qui se manifeste entre autre par des céphalées permanentes est observée chez plus de 50% des patients atteints de tumeur cérébrale. Elle résulte du déséquilibre contenant-contenu crée par le développement de la tumeur.
- ✓ ***Les crises d'épilepsie***, révèlent certains gliomes proches du cortex.
- ✓ ***Les syndromes endocriniens***, témoins de l'action à distance des tumeurs cérébrales sur les sécrétions hormonales.
- ✓ ***Les autres signes :*** troubles de la vue, pertes de connaissance, troubles de l'équilibre, troubles de la mémoire, de la personnalité, de l'humeur, troubles mentaux.

1.2-8-2 Imagerie neuroradiologique

Devant l'apparition des signes cliniques, un examen par imagerie neuroradiologique et une biopsie de la tumeur pour examen histologique, sont nécessaires. Même si les caractéristiques des

Les tumeurs cérébrales

gliomes en imagerie ne sont pas suffisamment spécifiques pour éviter la biopsie, le rôle de l'imagerie dans l'évaluation préopératoire reste très important. Elle oriente le diagnostic et donne un premier bilan de la taille, de la localisation et de l'aspect du gliome amenant à une première évaluation du pronostic et des perspectives thérapeutiques. Les nouvelles technologies permettent désormais d'observer les tumeurs sous tous les angles, de préciser la morphologie de la tumeur (imagerie morphologique), d'orienter vers un diagnostic histologique (imagerie métabolique), et offrent la possibilité d'un repérage peropératoire si besoin (neuronavigation).

Le ***Scanner cérébral à rayon X ou tomodensitométrie*** révèle généralement l'existence d'une tumeur cérébrale, visible sous forme d'une anomalie de densité souvent associée à des signes indirects : effet de masse, oedème péritumoral. L'injection de produits de contraste iodés pourra préciser le diagnostic si la densité de la tumeur se rehausse après injection. Une méthode plus récente est utilisée, ***l'imagerie par résonance magnétique ou IRM*** et permet d'obtenir d'excellentes images du cerveau, dans les trois plans de l'espace, et donc une analyse beaucoup plus précise du volume tumoral et de ses conséquences (oedème, effet de masse). Cet examen est essentiel pour mesurer la taille de la tumeur, visualiser les lésions infiltrantes, peu visibles au scanner, et met en évidence, quand elles existent, les extensions tumorales à distance, dans le SNC. Il procure au chirurgien et au radiothérapeute les informations nécessaires à la planification de l'intervention et/ou du champ d'irradiation. L'examen peut être complété par ***l'angio-IRM*** ou ***l'angioscanner*** afin d'évaluer la vascularisation de certaines tumeurs et d'éliminer une malformation vasculaire. Certaines tumeurs très riches en vaisseaux peuvent bénéficier d'une obturation de ces vaisseaux juste avant l'intervention.

A ce type d'imagerie morphologique peuvent être associées des techniques d'imagerie fonctionnelle telles que la ***tomographie par émission de positrons (PET-scan pour Positron emission tomography)***, l'***IRM fonctionnelle ou de diffusion*** permettant l'étude du fonctionnement cérébral. S'ajoutent également des techniques d'imagerie métaboliques telles que la ***scintigraphie cérébrale***, la ***tomographie par émission de positrons***, et ***la spectroscopie par résonance magnétique*** qui permettent une compréhension des physiologies cérébrales « normales » et « pathologique » par l'étude directe des métabolites neuronaux et gliaux.

I.3. STRATEGIES THERAPEUTIQUES

En raison de la fragilité du cerveau et de l'irréversibilité des lésions neuronales induites par la présence d'un gliome, la prise en charge des tumeurs cérébrales est difficile. Les gliomes sont des tumeurs extrêmement infiltrantes. L'invasion est loin d'être aléatoire. En effet, les cellules gliomateuses suivent différentes structures du SNC et migrent préférentiellement le long des faisceaux de fibres myélinisées de la substance blanche (Giese et Westphal, 1996). La décision du traitement thérapeutique se fonde sur des éléments multiples, comme le diagnostic neuropathologique qui revêt une importance décisive. Cette prise en charge est multidisciplinaire et comprend généralement un traitement symptomatique et un traitement étiologique (Taillibert et al., 2004c).

✓ **Le traitement symptomatique** repose principalement sur la corticothérapie à visée anti-oedémateuse, les antiépileptiques indiqués en cas de crises ou en période péri-opératoire à titre prophylactique, la prévention des complications thrombo-emboliques et digestives, la kinésithérapie.

✓ **Le traitement étiologique**, quant à lui, est basé sur des facteurs liés à la tumeur elle-même mais également sur les données cliniques qui caractérisent le patient et le situe dans sa vulnérabilité par rapport à la tumeur et aux traitements. Ce traitement dépend ainsi :

- du type de tumeur
- de la taille et de la localisation de la tumeur
- de l'évolution et de l'agressivité de la tumeur
- de l'âge et de l'état physique du patient

et comporte, en fonction du type histologique de la tumeur, *la chirurgie, la radiothérapie, la chimiothérapie* ou une combinaison des trois modalités. Dans cette étude, nous nous intéresserons principalement au traitement étiologique.

I.3-1   La Chirurgie

La chirurgie, lorsqu'elle est possible est le traitement de première intention. En effet, sa place n'est guère discutable car c'est d'elle que dépend le diagnostic histologique. L'acte opératoire doit tenir compte du risque vital ou fonctionnel auquel le patient sera exposé. La

Stratégies thérapeutiques

chirurgie est assurée après repérage anatomique au scanner ou à l'IRM, et c'est au chirurgien qu'il revient de peser le rapport bénéfices/risques et de décider d'une exérèse chirurgicale complète ou partielle. Des explorations peropératoires peuvent représenter une aide essentielle au cours de cet acte notamment l'IRM per-opératoire et la neuronavigation. Il existe, depuis une dizaine d'années, une technique qui permet de réaliser une « cartographie fonctionnelle » du cortex (*figure 14a*) et des faisceaux de substance blanche (*figure 14b*), à l'aide de stimulations électriques durant l'opération chirurgicale (Berger, 1995), (Duffau, 2005). Le patient est soit endormi (pour des stimulation de zones sensori-motrices), soit éveillé (pour la stimulation de zones cognitives, telles que les zones du langage). Cette cartographie permet de préserver les zones fonctionnelles importantes afin de limiter les déficits fonctionnels post-opératoires.

I.3-1-1 Les biopsies

Suite au diagnostic de probabilité neuroradiologique, la confirmation du diagnostic histologique nécessite le prélèvement d'un échantillon de tissu, soit par biopsie stéréotaxique soit par craniotomie avec résection tumorale. Le neurochirurgien peut ainsi connaître la malignité et le grade histologique de la tumeur. Les biopsies permettent d'obtenir un diagnostic de certitude et sont réalisées si l'état général du patient constitue une contre-indication à une exérèse complète. Dans tous les cas, un examen anatomopathologique est nécessaire avant tout traitement complémentaire.

I.3-1-2 Exérèse chirurgicale

Elle peut être complète dans le cas des gliomes de bas grade ou partielle. Une exérèse partielle, pratiquement toujours le cas pour les gliomes de haut grade, s'accompagne d'un pronostic plus réservé. En effet, le caractère diffus et infiltrant des GBMs, rend illusoire leur résection complète (Benouaich-Amiel et al., 2005). Malgré des techniques neurochirurgicales plus sûres, permettant des exérèses larges à morbidité limitée, les patients rechutent, dans ce cas, quasi systématiquement au voisinage immédiat du lit tumoral (Dhermain et al., 2005), (Taillibert et al., 2004c). Certes, la qualité du geste chirurgical influence la survie mais la récidive postopératoire est de règle. Ce traitement doit donc être complétée par une radiothérapie et/ou une chimiothérapie. Cependant l'extension de la chirurgie demeure controversée et limitée par la localisation anatomique de la tumeur (Mirimanoff, 2006).

Stratégies thérapeutiques

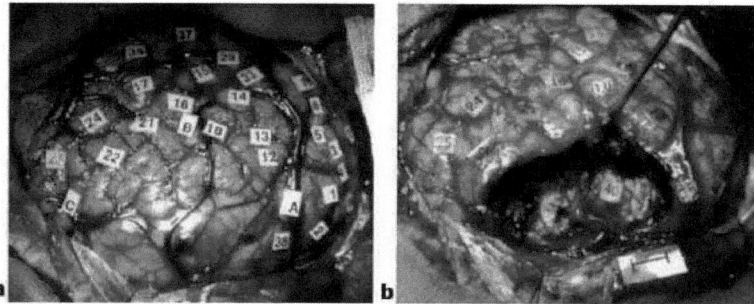

Figure 14 : Cartographie fonctionnelle per-opératoire.a. Cartographie fonctionnelle des zones corticales avant le début de la résection. b.Cartographie corticale et sous-corticale (étiquette 40) durant la résection. (source : service de neurochirurgie de l'hôpital de la Pitié-Salpêtrière)

Pour résumé, dans le cas des gliomes malins, les objectifs de la chirurgie sont (Mamelak, 2005):
- ✓ assurer un diagnostic histologique
- ✓ soulager l'effet de masse et de compression des structures cérébrales
- ✓ obtenir une amélioration symptomatique immédiate
- ✓ réduire le volume de la tumeur pour préparer les autres thérapeutiques

I.3-2   La Radiothérapie

Elle est généralement indiquée dans les gliomes de haut grade ainsi que dans les tumeurs de bas grade évolutives (Taillibert et al., 2004c). La radiothérapie est à l'heure actuelle le traitement palliatif le plus efficace des gliomes malins. Elle peut compléter, et parfois remplacer, une exérèse chirurgicale (Philippon, 2004c). L'irradiation postopératoire est la modalité la plus fréquente en pratique. Il s'agit d'un traitement indolore qui consiste à détruire les cellules cancéreuses et réduire ainsi le volume de la tumeur (rayons-X ou des photons). En règle générale, seule la tumeur et la zone immédiatement autour sont irradiées en raison des marges thérapeutiques très étroites (Hofer and Merlo, 2002). En effet, la tolérance des tissus sains, est une limitation fréquente à la prescription d'une dose tumoricide. Les stratégies thérapeutiques actuelles reposent sur la réduction de la dose en particulier dans l'irradiation prophylactique de l'ensemble du SNC. Le gradient efficacité/toxicité étant donc très limité, tous les efforts portent actuellement sur une délimitation « optimale » de la tumeur et de la zone d'invasion. Ainsi la

Stratégies thérapeutiques

délimitation du volume tumoral est capitale dans l'optimisation de la radiothérapie (Dhermain et al., 2005).

I.3-2-1 La radiothérapie externe

Les effets secondaires liés à *l'irradiation encéphalique totale,* avant les années 1980, ont limité son indication (Hofer and Merlo, 2002). L'apparition des premiers scanners, de la chirurgie stéréotaxique, de l'IRM et de l'informatique dédiée à la radiothérapie, a permis la réalisation de *la radiothérapie conformationnelle en 3D*. Elle permet de traiter un volume cible de façon plus précise et spécifique et de diminuer la dose délivrée aux organes sains. De plus, ces techniques autorisent une nouvelle irradiation dans le cas de certaines récidives. La diminution des effets toxiques permet une escalade de la dose. Par ailleurs, pour contrer la radiorésistance des tumeurs cérébrales, différents protocoles ont été proposés parmi lesquels *la radiothérapie fractionnée*, consistant à utiliser des faibles doses répétées plusieurs fois et permettant ainsi aux cellules saines de se réparer plus rapidement que les cellules tumorales (Chinot and Martin, 1996b), (Mirimanoff, 2006).

I.3-2-2 La radiothérapie interne, curiethérapie ou brachythérapie

Ces méthodes ciblées permettent d'augmenter localement la dose d'irradiation tout en minimisant les dommages aux tissus sains et les effets secondaires. Dans certains cas, elles peuvent remplacer la chirurgie dans le traitement des gliomes (Hofer and Merlo, 2002). Ces techniques reposent sur l'application de sources radioactives au contact du tissu tumoral soit directement, soit scellées dans des « vecteurs », grâce à une aiguille très fine (ou cathéter) ou enfermées dans de minuscules tubes de plastique. Parmi les radioéléments les plus couramment utilisés, on trouve l'iridium 192 (sous forme de fils), le césium 137 (sous forme de minitubes) et l'iode 125 (sous forme de grains).

I.3-2-3 La radiochirurgie

La radiochirurgie est une procédure neurochirurgicale en dose unique où de fins faisceaux de rayonnement ionisants convergents sont utilisés avec une précision stéréotaxique pour détruire ou modifier biologiquement une structure sans léser les structures adjacentes. Elle est devenue une approche essentielle dans le traitement des tumeurs cérébrales. L'amélioration de l'IRM, l'accès à des moyens informatiques puissants, ont conduit à une amélioration significative des résultats de la radiochirurgie. Récemment des études ont montré que la *radiochirurgie par*

Stratégies thérapeutiques

gamma Knife procure la possibilité de traiter le lit tumoral après résection ainsi que les marges tumorales avec une haute dose de radiation tout en minimisant les dommages du tissu sain environnant. Cette technique présente un intérêt dans le traitement des GBM et rend compte d'une augmentation de la survie des patients (Wowra et al., 2006).

I.3-3   La radiochimiothérapie

Les fréquents échecs cliniques de la radiothérapie ou de la chimiothérapie ont logiquement conduit à proposer l'association de ces deux thérapies. Ainsi, les associations concomitantes apparaissent supérieures à la radiothérapie seule et constituent depuis peu le nouveau standard thérapeutique dans le traitement des tumeurs cérébrales. L'avantage principal de cette méthode réside dans l'effet additif de chaque modalité thérapeutique voir dans le meilleur des cas dans la potentialisation des effets. Jusqu'alors, le traitement standard du GBM consistait après biopsie ou résection en une radiothérapie palliative. Cependant, une étude internationale de phase III a démontré qu'une radiochimiothérapie augmentait significativement la survie des patients (Stupp et al., 2005), (Benouaich-Amiel et al., 2005).

I.3-4   La chimiothérapie

Malgré un traitement associant chirurgie et radiothérapie, le pronostic des tumeurs astrocytaires malignes est sombre, avec une médiane de survie de l'ordre de 9 mois pour les GBMs et inférieure à 3 ans pour les astrocytomes anaplasiques. Initialement, la chimiothérapie était réservée au traitement des récidives, cependant deux méta-analyses ont montré un bénéfice modeste en terme de médiane de survie après utilisation de chimiothérapie adjuvante (Stewart, 2002). En effet, ces résultats ont montré que l'adjonction de chimiothérapie améliorait significativement la survie (Benouaich-Amiel et al., 2005). Toutefois, l'intérêt d'une chimiothérapie dans le cadre du traitement standard des gliomes malins (à l'exception des tumeurs oligodendrogliales) est controversé. En effet, la majorité des gliomes malins est peu sensible à une chimiothérapie, et ceci pour plusieurs raisons dont les plus importantes sont :

     Un premier obstacle à un traitement systémique est la ***BHE***. Bien qu'elle ne soit plus parfaitement intacte à proximité de la masse tumorale, elle intervient surtout dans la zone marginale infiltrante et limite le choix des agents anticancéreux (Hofer and Merlo, 2002).

Stratégies thérapeutiques

    La **résistance des cellules tumorales** elles mêmes aux agents anticancéreux est également un autre obstacle majeur au traitement par chimiothérapie. Elle résulte de plusieurs mécanismes indépendants tels que :

- La réparation de l'ADN par l'alkyltransférase qui joue un rôle important conduisant à la réparation des lésions créés sur l'ADN par les agents tels que les nitrosurées ou les agents alkylants. Des concentrations élevées de cet enzyme dans les cellules tumorales provoquent donc une chimiorésistance.
- Les systèmes de résistances de types « MultiDrug Resistance » ou MDR sont également impliqués, diminuant ainsi l'efficacité des agents anticancéreux (Demeule et al., 2001), (Decleves et al., 2002).

I.3-4-1 Les anticancéreux

La chimiothérapie repose sur l'administration systémique ou locale d'un agent cytotoxique. A l'heure actuelle, la stratégie systémique est la plus fréquemment adoptée. La toxicité des différentes drogues isolées ou en association doit tenir compte tant de l'état général que de l'état hématopoïétique et des risques de complications infectieuses pour le patient.

I.3-4-1-1 Les agents alkylants

a-   Les nitroso-urées

Ces médicaments ont longtemps constitué le traitement de première ligne des GBM. Cependant, le bénéfice se limite le plus souvent à une majoration du taux de survie à 18 mois (Boudouresque et al., 2005). Ces agents induisent au niveau de l'ADN des lésions intra et inter brins ainsi que des ruptures simple ou double de l'hélice d'ADN. Parmi les plus utilisés dans le traitement des gliomes, on trouve :

- **La carmustine (Bicnu™)** ou « BCNU » pour « Bis-Chloroéthyl-Nitroso-Urée »,
- **La lomustine (Bélustine™)** ou « CCNU » pour « Chloroéthyl Cyclohexyl Nitroso-Urée »,
- **La fotémustine (Muphoran™)**

L'efficacité de ces molécules est en partie le fait de leur liposolubilité qui leur permet de franchir la BHE. Bien tolérées, elles présentent cependant des toxicités cumulées (myélosuppression, fibrose pulmonaire, leucoencéphalopathie). Le BCNU est le nitrosourée le plus utilisé en monochimiothérapie.

b- Le protocole PCV

Les associations combinent des agents qui diffèrent à la fois par leur mode d'action et/ou par leurs effets secondaires. Elles visent à l'obtention d'un effet maximum sur la tumeur, au prix d'effets secondaires minimum et à prévenir, dans la mesure du possible, l'apparition de cellules résistantes. Ainsi, le ***protocole PCV*** associant **P**rocarbazine, **C**CNU et **V**incristine (PCV), le plus utilisé actuellement, a démontré une action plus probante que celle du BCNU seul dans le traitement des gliomes anaplasiques. Il consiste en l'association de deux agents alkylants (procarbazine et CCNU) et d'un alcaloïde de la pervenche, poison du fuseau mitotique (vincristine). Des résultats intéressants obtenus avec ce protocole ont été rapportés récemment dans le traitement des oligodendrogliomes anaplasiques mettant en évidence un taux de réponse et de stabilisation de 75 à 100 % pour des durées de 9 à 15 mois. Dans le cadre d'une chimiothérapie adjuvante, le pourcentage passe de 80 à 100 % avec des durées allant de 13 à 48 mois. (5). Le protocole PCV est généralement bien toléré, ses principaux effets indésirables étant des infections sur myélosuppression cumulative.

c- Le témozolomide

Le témozolomide (TMZ) est un imidazotetrazinone de deuxième génération, c'est un nouvel agent alkylant avec l'avantage d'un profil d'effets indésirables favorable. C'est une prodrogue rapidement résorbée après son administration orale et qui s'hydrolyse spontanément à PH physiologique en 5-(3-methyltriazen-1-yl) imidazole-4-carboximide (MTIC). Cet adduit alkyl entraîne la mort cellulaire par l'intermédiaire du système de réparation des mésappariements (MMR). En conséquence, lors des réplications suivantes, le système MMR est activé de manière répétitive, ce qui déclenche l'apoptose (***Figure 15***).

Ce MTIC pénètre la BHE et les concentrations de médicament dans le LCR sont de l'ordre de 35 à 39 % des concentrations plasmatiques. En outre, le TMZ atteint des concentrations plus élevées dans le tissu tumoral que dans le parenchyme cérébral sain (Friedman et al., 2000). Il est couramment utilisé en association avec la radiothérapie pour le traitement de première intention du GBM multiforme (Stupp et al., 2005) (Athanassiou et al., 2005).

Un essai randomisé mené par l'EORTC (European Organisation for Research and Treatment of Cancer) a évalué l'utilisation du TMZ comme agent radiosensibilisant.

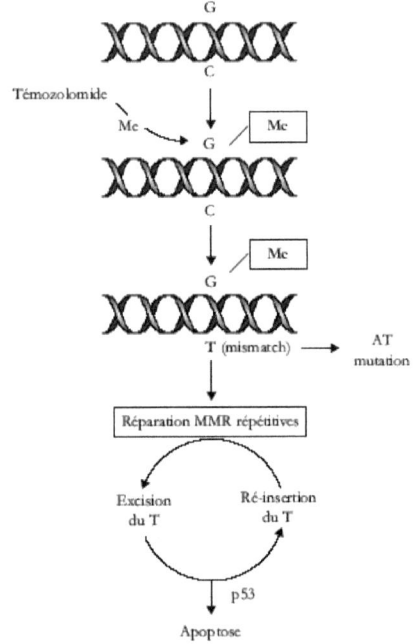

Figure 15 : Mécanisme d'action du Témozolomide (Benouaich-Amiel et al., 2005)

Cet essai a démontré de façon indiscutable le bénéfice d'une chimiothérapie en première ligne de traitement dans les GBM, définissant ainsi un nouveau standard thérapeutique déjà largement admis (*Figure 16*).

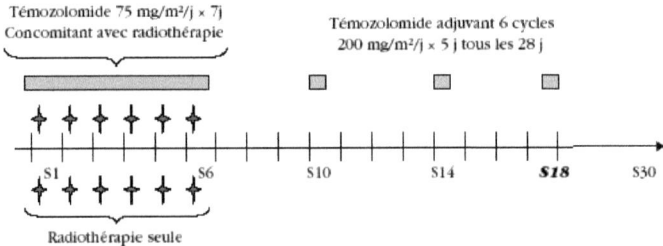

Figure 16 : Schéma thérapeutique utilisé dans le protocole rapporté par Stupp et al. RT : radiothérapie focalisée 60 Gy (30 x 2 Gy, 5j/7j sur 6 à 7 semaines ; volume tumoral + marge 2 à 3 cm ; MZ : témozolomide ; S : semaines (Benouaich-Amiel et al., 2005).

Stratégies thérapeutiques

Le TMZ est également utilisé au moment de la récidive ou de la progression de la maladie pour le traitement de l'astrocytome anaplasique et du GBM. Il a supplanter les nitrosourées et son utilisation est aujourd'hui considéré comme le **nouveau standard dans la prise en charge des patients atteints d'un GBM** (Taillibert et al., 2004c). Le TMZ présente, en effet, un taux de réponse impressionnant et améliore ainsi de façon significative la qualité de vie des patients traités.

Cependant, on observe des résistances dues à une enzyme de réparation des lésions d'excision des bases de l'ADN, la O-alkyl-guanine-alkyltransférase (AGAT), qui pourrait jouer un rôle important dans l'échec du traitement par chimiothérapie aux alkylants (Taillibert et al., 2004c).

Des études récentes ont, en effet, mis en évidence une survie prolongée chez des patients atteints de gliomes traités avec des nitroso-urées ou du TMZ après inhibition de l'AGAT, semblant diminuer les capacités de chimiorésistance aux alkylants, notamment au TMZ.et des essais sont actuellement en cours pour confirmer ces résultats (van den Bent et al., 2006).

d- Les sels de platine et dérivés

De nombreux protocoles polychimiothérapeutiques incluent les sels de platine, notamment le *cisplatine* et ses dérivés tel que le *carboplatine*.

Le choix de l'utilisation de ces composés dans la stratégie chimiothérapeutique réside principalement dans leur action de potentialisation de la radiothérapie et de l'effet de nombreux agents anticancéreux. Un effet additif avec les rayons ionisants a été montré chez des patients atteints de GBMs inopérables traités par chimioradiothérapie concomitante (Benouaich-Amiel et al., 2005; Simon, 2004), (Skov and MacPhail, 1991), (Douple et al., 1985), (Dewit, 1987).

e- Le thiotépa

Récemment l'utilisation de fortes doses de chimiothérapie associées à une greffe de cellules souches hématopoïétiques a montré des résultats encourageant dans le traitement des gliomes de haut grade récidivant chez l'enfant. Cependant un volume minimal de la tumeur résiduelle avant chimiothérapie à haute dose semble représenter un élément de succès de cette stratégie, suggérant que cette chimiothérapie à haute dose est bénéfique pour une minorité de patients atteints de gliome de haut grade récurrents (Broniscer, 2006), (Thorarinsdottir et al., 2007).

Ainsi, le thiotépa de la famille des Ethyléne-imines est utilisé, à forte dose dans le traitement, des tumeurs cérébrales de l'enfant. Il est recommandé en traitement de rattrapage à

Stratégies thérapeutiques

hautes doses associé à la radiothérapie en cas de maladie progressive ou de rechute pendant ou après une chimiothérapie conventionnelle. Des études ont montré que sur dix enfants qui avaient fait une rechute locale, tous ont été mis en rémission avec la chimiothérapie à haute dose par busulfan et thiotepa, suivie par radiothérapie avec des suivis médians de 20 à 100 mois (Kalifa et al., 1998).

I.3-4-1-2 Les inhibiteurs de topoisomérase

a- Inhibiteurs de topoisomérase I

Des premières études ont démontré l'activité de l'*irinotecan* dans un large panel de tumeurs cérébrales avec 17 % de taux de réponse pour les GBM (Friedman et al., 2003), (Buckner et al., 2003). Son efficacité a également été démontrée en association lors de différents essais clinique. L'association irinotecan et BCNU permet l'obtention d'effets antitumoraux plus importants et bien au-dessus des effets additifs des agents pris séparément toutefois, étant métabolisé principalement dans le foie et dépendant du système P450, il convient de respecter certaines conditions afin d'éviter les interactions médicamenteuses (van den Bent et al., 2006). L'association entre l'irinotécan et le TMZ a mis en évidence un effet synergique de ces deux agents ainsi que des résultats encourageant lors d'essais cliniques(Reardon et al., 2003). En 2004 Brandes et al. ont démontré l'efficacité de l'association entre BCNU et irinotécan dans le traitement de GBM récidivants ou évoluant après une première chimiothérapie basée sur l'administration de TMZ.(Brandes et al., 2004). L'irinotecan peut également induire une sensibilisation des cellules de gliome aux actions cytotoxiques de la radiothérapie et des agents alkylants.

L'*édotecarin* est un inhibiteur de topoisomérase I dit de nouvelle génération, plus efficace que l'irinotécan et appelé à remplacer les alkylants (TMZ, BCNU, CCCNU) (Yamada et al., 2006). Une étude récente a montré une régression partielle de GBM récidivant chez l'adulte avec une toxicité mineure (Vrdoljak et al., 2006).

b- Inhibiteurs de topoisomérase II

Les épipodophyllotoxines, inhibiteur de topoisomérases II, parmi lesquels on rencontre l'*étopside* et le *ténoposide* ont montré leur effet cytotoxique sur les gliomes, généralement en association dans le cadre d'une polychimiothérapie (avec les dérivés du platine) et en traitement de « sauvetage ». Toutefois, des données expérimentales suggèrent que ces agents possèdent

Stratégies thérapeutiques

également une action radiosensibilisante responsable d'un effet supra-additif sur des lignées cellulaires de gliomes (Beauchesne et al., 2003), (Benouaich-Amiel et al., 2005).

I.3-4-1-3 Les taxanes

Le *paclitaxel* a montré une efficacité modérée (50 % de réponses partielles ou de stabilisations pour une durée médiane de 8 mois) dans les oligodendrogliomes récidivants (Chamberlain and Kormanik, 1997). Il existe une neurotoxicité cumulative, mais dans l'ensemble, le paclitaxel est bien toléré. Des données in vitro ont mis en évidence une radiosensibilisation de cellules gliales malignes en culture par le paclitaxel (Cordes et al., 1999). Cependant le caractère hydrophile de ces molécules ne permettrait qu'une faible distribution du médicament dans le parenchyme tumoral, pourrait expliquer les faibles résultats observés en terme de survie du patient. En effet, l'utilisation de *polymères biodégradables délivrant du paclitaxel* déposés lors de la résection tumorale associée à la radiothérapie a mis en évidence une inhibition de la croissance tumorale de l'ordre de 59 à 70% (Kumar Naraharisetti et al., 2007).

I 3-5 Nouvelles approches thérapeutiques

De nombreuses stratégies thérapeutiques ont été envisagées dans le traitement des tumeurs cérébrales comme l'immunothérapie ou le ciblage des mécanismes intervenant dans la pathogenèse des gliomes. Le développement de la malignité des cellules gliales implique la prolifération cellulaire, l'échappement aux mécanismes de l'apoptose, l'invasion des tissus sains environnants, et la néovascularisation. Chacun de ces processus implique une cascade d'événements moléculaires complexes pouvant être divisé dans les catégories suivantes :

- ✓ les voies favorisant la *prolifération incontrôlée*.
- ✓ les *voies contrôlant la mort cellulaire* et entraînant l'apoptose.
- ✓ les enzymes entraînant la protéolyse du parenchyme tissulaire et contribuant à l'*invasion et à la mobilité des cellules tumorales.*
- ✓ les protéines diffusant dans le parenchyme cérébral et agissant comme des ligands pour les récepteurs qui favorisent *l'angiogenèse*.

Pour chacune de ces voies, il existe des cibles potentielles pour des interventions thérapeutiques moléculaires et celles-ci font l'objet de recherches intensives.

Stratégies thérapeutiques

I 3-5-1 Prolifération cellulaire incontrôlée

I 3-5-1-1 Inhibiteurs des récepteurs de facteurs de croissance

Les facteurs de croissance EGF et PDGF jouent un rôle essentiel dans la pathogenèse des gliomes malins ainsi que leurs récepteurs EGFR et PDGFR, appartenant à la superfamille des récepteurs qui possèdent une activité tyrosine kinase (RTK). La prolifération des cellules des gliomes dépend en partie de la signalisation de l'EGFR et répondent donc aux inhibiteurs du récepteur possèdant une activité tyrosine kinase. Les inhibiteurs les plus efficaces sont l'*erlotinib*, le *géfitinib* et le *lapatinib* (Mellinghoff et al., 2005), (Weinstein, 2002), (Prados et al., 2006), (Cloughesy et al., 2005), (Wen et al., 2006a). Des travaux de recherche ont démontré que l'*imatinib*, inhibiteur de PDGFRα et β, fréquemment surexprimés dans les gliomes malins inhibe significativement la prolifération de cellules de GBM *in vitro* et *in vivo* (Wen et al., 2006c). Dans une étude de phase II, l'imatinib utilisé en condition néoadjuvante et adjuvante dans le traitement des gliomes par radiothérapie, a fait preuve d'une activité antitumorale. Ainsi, les résultats obtenus dans le traitement des gliomes malins de grade III récidivant témoignent ainsi de l'intérêt thérapeutique que pourrait présenter l'utilisation de cet agent dans le traitement des gliomes malins.(Quick and Gewirtz, 2006). D'autres inhibiteurs de PDGFR plus puissants et ayant une meilleure pénétration au sein du SNC sont en cours d'étude, tels que le dasatinib et le pazopanib (Desjardins et al., 2007).

I 3-5-1-2 Inhibiteurs des signaux de transduction

L'activation des tyrosines kinases membranaires par les facteurs de croissance entraîne des cascades intracellulaires d'activation, impliquant les voies PI3K/Akt, Ras/Raf/MEK et (PLC/DAG/PKC).

La voie PI3K/Akt

La voie PI3K/Akt est particulièrement importante puisqu'elle est sous le contrôle du gène PTEN souvent déficient dans les GBMs. La sérine/thréonine kinase Akt active plusieurs cibles comme MDM2 (contrôle de la division cellulaire), BAD (apoptose) ou mTOR (régulation de la croissance cellulaire et de la synthèse protéique). L'activation de mTOR par l'AKT est inhibée par la protéine phosphatase suppresseur de tumeur et l'homologue de la tensine est délété du chromosome 10 (PTEN) (Smith et al., 2001). Par conséquent, *l'inhibition de mTOR* par des

Stratégies thérapeutiques

analogues de la *rapamycine*, macrolide proche de la ciclosporine initialement développée comme immunosuppresseur fait actuellement l'objet d'études pour le traitement des gliomes malins.

La voie de Ras/Raf/MEK : Inhibiteurs de la farnésyltransférase

La voie de Ras/Raf/MEK constitue également une cible intéressante en raison du contrôle étroit qu'elle exerce sur les MAP kinases, la croissance cellulaire et l'invasion tumorale (Choe et al., 2003). Les inhibiteurs de la farnésyl transférase (IFT), enzyme activant la protéine Ras, comme le *lonafarnib et le tipifarnib*, sont ainsi évalués comme approche théoriquement possible pour l'inhibition de la prolifération des cellules gliales. Le lonafarnib est actuellement en phase II aux États-Unis, en combinaison avec le TMZ. Des données précliniques ont montré une action radiosensibilisante du tipifarnib justifiant la réalisation d'un essai clinique en combinaison avec la radiothérapie (Carpentier, 2005; Wang et al., 2006).

La voie PLC/DAG/PKC

L'activation du récepteur de l'EGF entraîne l'activation simultanée de la voie phospholipase-C/Diacylglycérol/Protéine kinase C (PLC/DAG/PKC). L'activité accrue de la PKC dans les gliomes malins résulte de la suractivité du récepteur tyrosine kinase en amont et cette activité est corrélée à un taux de croissance rapide des gliomes malins *in vitro* (Couldwell et al., 1991). Par conséquent, l'inhibition de la PKC avec des agents tels que la *rottlerine* entraîne l'inhibition marquée des lignées de cellules gliales (Jane et al., 2006). Les études récentes de phases I et II avec le tamoxifène n'ont pas démontré une amélioration des résultats comparativement aux témoins historiques (Robins et al., 2006) ; cependant, le profil faiblement toxique et la biodisponibilité orale de ce médicament, en font un médicament intéressant pour les stratégies thérapeutiques d'association (Pollack et al., 1997).

Le tamoxifène : inhibiteur de la protéine-kinase C

Des travaux, réalisés *in vitro* ont démontré que la prolifération des cellules de gliomes malins est sensible aux inhibiteurs de la protéine-kinase C (PKC). Ces observations ont conduit à l'utilisation du *tamoxifène*, agissant comme inhibiteur de la PKC, dans le traitement des patients atteints de gliomes malins (Kim et al., 2005). La réponse inhibitrice de PKC par le tamoxifène étant dépendante de la dose, des dosages très élevés de tamoxifène ont été administrés aux patients avec des gliomes malins récurrents. Les dosages choisis ont été calculés pour réaliser *in vivo* des niveaux suffisant pour empêcher la transduction du signal de PKC dans les cellules.

Stratégies thérapeutiques

Cependant l'utilisation de ces fortes doses ont fait apparaître des phénomènes de résistance (Puchner et al., 2004). De nombreuses études ont mis en évidence la potentialisation obtenue lors d'association avec d'autres anticancéreux (carboplatine, cisplatine) et/ou avec la radiothérapie (Robins et al., 2006), (Tang et al., 2006), (Chen et al., 2003), (Robins et al., 2006). Des études récentes ont montré qu'une combinaison entre le TMZ et le tamoxifène potentialise l'inhibition de la croissance tumorale par induction de l'apoptose et représente une thérapie efficace dans le traitement des gliomes malins (Gupta et al., 2006). Enfin, une étude menée cette année a mis en évidence un effet synergique entre le phenylacetate de sodium et le tamoxifène sur les GBM par induction de l'arrêt de la croissance cellulaire et apoptose (Wei et al., 2007). La poursuite du développement de combinaisons thérapeutiques devrait permettre d'obtenir de meilleurs pourcentages de réponses dans un avenir proche.

I 3-5-2 Processus de mort cellulaire défectueux : thérapie génique
I 3-5-2-1 La protéine p53, pRB et p16

Plusieurs facteurs clés interviennent dans l'activation de la programmation de la mort cellulaire pour les cellules présentant une instabilité génétique. Dans le cas des gliomes malins, certaines mutations génétiques entraînent l'inactivité de p53 et rendent les cellules résistantes à l'apoptose. Les recherches visent actuellement la reconstitution d'une protéine p53 fonctionnelle par sa transfection à l'aide de vecteurs viraux. (Shinoura et al., 2000). Dans le contexte clinique, 15 patients ont été recrutés dans une étude de phase I évaluant l'innocuité et la faisabilité de l'injection intratumorale de p53 en utilisant un vecteur *adénovirus*. Un cathéter intracrânien a été implanté par voie stéréotaxique dans la tumeur, permettant la perfusion de l'adénovirus(Lang et al., 2003). Cependant il est vital de mettre au point des virus incapables de se répliquer pour les utiliser en *thérapie génique,* afin d'éviter la dissémination virale potentielle.

D'autres éléments essentiels dans la régulation du cycle cellulaire sont la protéine du rétinoblastome (pRB) et la proteine p16, possédant la capacité de bloquer la transition G1/S. En fait, plus de 50 % des GBM portent une altération génétique des gènes pRB et p16, qui contribue à leur résistance à l'apoptose (Rutka et al., 2000). La restauration de ces gènes dans les lignées de cellules gliales par adénovirus entraîne une suppression marquée de la croissance (Fueyo et al., 1998), (Backlund et al., 2005), (Lee et al., 2000). Ainsi, l'utilisation de virus génétiquement

Stratégies thérapeutiques

modifiés qui ciblent sélectivement les cellules malignes pour les détruire, tout en épargnant les cellules non transformées normales, pourrait être un nouveau domaine de recherche intéressant.

I 3-5-2-2   Inhibiteurs de cycline

D'autres approches pour induire l'arrêt du cycle cellulaire incluent l'utilisation d'inhibiteurs de cycline ou de kinases cycline-dépendantes tels que le *PS-341*, un nouveau dipeptide d'acide boronique, et le *flavopiridol*, petite molécule synthétique ayant démontré des effets anti-tumoraux puissants (Yin et al., 2005), (Newcomb et al., 2004), (Newcomb et al., 2003).

I 3-5-3 Mobilité et invasion des cellules tumorales

L'invasion joue un rôle pivot dans l'incapacité à éradiquer les gliomes par des traitements standards (Lefranc et al., 2005). En effet, on a constaté que le taux de plusieurs métalloprotéinases, incluant notamment la MMP-2 et la MMP-9, était élevé dans les échantillons biopsiques de gliomes malins (Komatsu et al., 2004). Ainsi le *Marimastat*, inhibiteur de MMPs est un agent présentant des résultats prometteurs, dans deux essais de phase II, sur des GBM ou des astrocytomes anaplasiques, lorsqu'il est combiné au TMZ. L'étude sur les GBM rapporte un pourcentage de patients indemnes de progression à 6 mois de 39 % (Groves et al., 2002). La faible incidence des effets secondaires dans cet essai, jointe à cette apparente efficacité, justifie un passage en phase III.

L'inhibition des molécules d'intégrine intervenant à la fois dans les processus d'invasion, de mobilité et d'angiogenèse représente également une approche thérapeutique. Des études précliniques ont montré que le *Cilengitide*, pentapeptide cyclique ciblant la séquence RGD de la vitronectine et agissant comme inhibiteur des intégrines $\alpha v \beta 3$ et $\alpha v \beta 5$ (les plus importantes), possède une activité contre les gliomes malins, et en outre, est bien toléré par les patients (Mrugala et al., 2004). De plus l'existence de réponses radiobiologiques justifie un passage en phase II, actuellement en cours, concernant cet agent.

I 3-5-4 Angiogenèse tumorale

Les inhibiteurs de VEGF et VEGFR sont des agents prometteurs dans le traitement des gliomes. En effet, ils ont la capacité non seulement d'inhiber l'angiogenèse, mais aussi de diminuer l'œdème péritumoral. De nombreux agents anti-angiogéniques ont été identifiés, comme la *suramine* (inhibiteur de VEGF, bFGF, PDGF), le *vatalanib* (inhibiteur de VEGFR et

Stratégies thérapeutiques

PDGFR), le *bevacizumab* (anticorps monoclonaux anti-VEGFR) ou le *thalidomide* (Chap I.3-4-1-4/a). Cependant, le vatalanib, évalué dans des études de phase I/II en association avec une chimiothérapie présente une activité modeste. Par contre les résultats préliminaires obtenus avec le bevacizumab associé à l'irinotecan sont tout à fait encourageants (Wen et al., 2006a).

I 3-5-4-1   Le thalidomide : anti-angiogénique

Le *thalidomide* est un agent anti-angiogénique puissant. Une corrélation entre son activité anti-angiogénique et l'importance de la vascularisation dans le développement des cellules tumorales a entraîné un regain d'intérêt thérapeutique pour cette molécule. Son utilisation en association avec le TMZ et le tamoxifène avec ou sans radiothérapie a fait part de résultats encourageant dans le traitement des GBM (Chang et al., 2004), (Zustovich et al., 2007), (Durupt et al., 2005). L'avenir semble reposer sur le développement d'analogues du thalidomide et leurs utilisations en clinique dans la prise en charge des gliomes malins.

I 3-5-5 Les autres cibles

De nombreux agents visant d'autres cibles dans la mise en place de stratégies thérapeutiques des gliomes ont montré une activité synergique en association avec la radiothérapie et la chimiothérapie, telles que :

- ✓ les inhibiteurs d'histone désacétylase, structures de base de chromatine(Marks et al., 2004).
- ✓ les inhibiteurs de protéasome, impliqués dans divers processus tels que la progression du cycle cellulaire, l'apoptose, l'inflammation ainsi que la résistance aux agents anticancéreux(Yin et al., 2005), (Nakanishi and Toi, 2005).
- ✓ les inhibiteurs de cyclooxygénases (COX)-1 et -2, impliquées dans la survie des cellules cancéreuses, la croissance et l'angiogénèse(Mrugala et al., 2004), (Shono et al., 2001).

Ainsi, la multiplicité des études réalisées, la recherche permanente de nouvelles molécules thérapeutiques et de nouvelles cibles visent à accroître l'efficacité des agents utilisés et à en diminuer les effets indésirables. Toutefois les faibles résultats observés jusqu'à présent témoignent de l'impuissance de ces thérapeutiques dans le traitement des gliomes malins mettant ainsi en évidence tout l'intérêt de la Recherche dans cette pathologie.

Stratégies thérapeutiques

I 3-5 Optimisation de la chimiothérapie

Bien des défis restent à relever afin de parvenir à traiter plus efficacement les gliomes malins. Des progrès ont cependant été accomplis, mettant en évidence la chimiosensibilité de certaines tumeurs (oligodendrogliomes, tumeurs germinales) et permettant de réduire la toxicité des différentes modalités thérapeutiques, d'optimiser le traitement symptomatique et d'améliorer la qualité de vie des patients. (Benouaich-Amiel et al., 2005). Toutefois, un certain nombre de facteurs, bien que n'exerçant directement aucune activité antitumorale, peuvent influer sur le succès des stratégies thérapeutiques.

I 3-5-1 Accroître le passage de la BHE

I 3-5-1-1 Ouverture transitoire de la BHE

Il est possible de rompre ou augmenter la perméabilité de la BHE de façon transitoire par rétraction des cellules endothéliales en utilisant certains composés. C'est le cas des molécules dites sélectives, les bradykinines ou un de leurs analogues, le ***RMP-7*** ainsi que les leucotriènes, qui ouvrent de préférence la BHT, évitant ainsi d'affecter le tissu cérébral sain. Ainsi, l'utilisation du ***lobradimil*** ou ***RMP-7***, avec une molécule comme le carboplatine en association avec la radiothérapie, permet d'accroître significativement la concentration de principe actif dans le tissu tumoral des gliomes (Borlongan and Emerich, 2003), (Packer et al., 2005).

I 3-5-1-2 Stratégies loco-régionales

Une forte majorité d'anticancéreux ne peut être administrée par voie systémique car leur nature physico-chimique leur interdit le franchissement de la BHE. Ainsi les stratégies visant à délivrer l'anticancéreux directement au sein du volume tumoral présentent un grand intérêt, diminuant les phénomènes de toxicité systémique et améliorant l'efficacité de l'agent ainsi administré. Différentes techniques sont employées depuis plusieurs années :

Injection directe

La méthode la plus évidente pour délivrer les anticancéreux directement au sein du tissu tumoral est l'injection directe du médicament dans la tumeur ou dans la cavité de résection tumorale via l'implantation de réservoirs d'Ommaya ou d'une seringue au moment de la biopsie ou de l'exérèse chirurgicale. Malgré des toxicités tolérables, les résultats obtenus avec plusieurs anticancéreux, restent décevants (Hassenbusch et al., 2003).

Perfusion locale ou « convection enhanced delivery »

La perfusion intratumorale, dénommée « convection enhanced delivery » (CED) a été développée pour permettre aux molécules ne passant pas ou difficilement la BHE d'atteindre les cellules infiltrantes situées à distance de la prise de contraste. Plusieurs cathéters sont placés dans et autour de la masse tumorale. Le médicament est ensuite perfusé lentement sur plusieurs heures, voire plusieurs jours. Afin d'augmenter la diffusion de l'anticancéreux dans le parenchyme tumoral et ainsi contre-carrer la résistance naturelle des tissus environnants. Les agents anticancéreux, qui ne franchissent pas la BHE, vont s'accumuler dans le tissu tumoral et cérébral environnant et la pression de perfusion favorise leur diffusion dans les espaces extracellulaires (Carpentier, 2005). Une étude de phase I/II rapportant l'utilisation de CED délivrant du paclitaxel a démontré 73 % de taux de réponse (5 réponses complètes et 6 partielles) chez 15 patients atteints de gliome de haut grade récurrent (Lidar et al., 2004), (Degen et al., 2003). La CED semble représenter une technique particulièrement prometteuse dans le traitement des tumeurs non opérables et comme thérapie adjuvante avant ou après radiothérapie (Mamelak, 2005). Ce principe peut également s'appliquer à d'autres types de médicaments : les toxines et l'immunothérapie locale.

Chimiothérapie interstitielle ou intra lésionnelle : exemple du Gliadel

Les polymères dégradables diffusant des médicaments chimiothérapeutiques par diffusion représentent actuellement la seule forme de chimiothérapie locorégionale approuvée par la « Food and Drug Administration » (FDA) aux Etats-Unis. La chimiothérapie interstitielle a l'avantage de court-circuiter la BHE et d'augmenter la concentration intratumorale du médicament, tout en réduisant sa toxicité systémique. Le *Gliadel,* consiste en un polymère synthétique biodégradable contenant un agent anticancéreux, le BCNU. Six à huit implants sont placés dans la cavité au cours de la résection. Une étude de phase III comparant l'implantation de Gliadel à celle d'un placebo démontre une amélioration de la médiane de survie de l'ordre de 8 semaines (Brem et al., 1995), (Loiseau and Menei, 2005), (Ducray and Honnorat, 2007). Le principal avantage de cette voie d'administration réside dans le fait que l'on évite les effets néfastes du BCNU tel que la thrombopénie. Pour le moment le BCNU est le seul anticancéreux commercialisé dans cette formulation, mais de nombreux autres polymères sont actuellement testés (Mamelak, 2005). En effet, une étude récente utilisant des implants délivrant du paclitaxel

Stratégies thérapeutiques

(Chap I.3-4-1-3) et des agents radio sensibilisants a mis en évidence, *in vivo* sur des souris nude, une inhibition de la croissance tumoral de l'ordre de 59, 65 et 70% (Kumar Naraharisetti et al., 2007).

I 3-5-1-3 Planification de la chimiothérapie

Outre la question de l'intérêt de la chimiothérapie dans le traitement des gliomes malins, le choix du *schéma thérapeutique* prête également à controverse. Il n'y a aucun argument voulant qu'il faille proposer d'emblée à tous les patients une chimiothérapie suite à la radiothérapie (Hofer and Merlo, 2002)

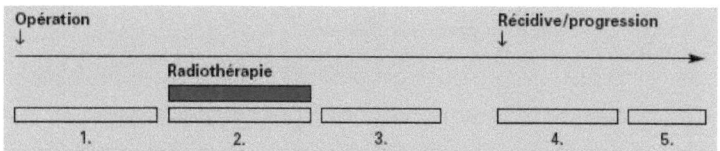

Figure 17 : Planification d'une chimiothérapie dans les gliomes malins de degré III et IV
1. néoadjuvante
2. concomitante
3. d'emblée ou « adjuvante »
4. en cas de progression ou de récidive tumorale
5. traitement de seconde ligne

Dans le cas de certaines tumeurs volumineuses et inextirpables chirurgicalement, la chimiothérapie peut être pratiquée en condition *néo-adjuvante*. En effet, l'action de la radiothérapie sur la vascularisation constitue un obstacle à la pénétration du médicament, d'où l'emploi de la chimiothérapie plutôt en postopératoire avant la radiothérapie. La chimiothérapie peut être utilisée pour augmenter l'efficacité des rayons, elle est alors dite *radio-sensibilisante ou concomitante*. La chimiothérapie est également employée après chirurgie curative, à titre *adjuvant*, pour augmenter la survie des patients en détruisant des foyers tumoraux résiduels (*Figure 17*).

I 3-5-1-4 Inhibition de l'AGAT

La lutte contre les systèmes de résistance aux anticancéreux est une approche tout à fait intéressante pour permettre d'améliorer l'efficacité de la chimiothérapie. L'enzyme de réparation

Stratégies thérapeutiques

spécifique de ces lésions, la O-alkyl-guanine-alkyltransférase (AGAT) joue un rôle important dans l'échec du traitement par chimiothérapie aux alkylants (Nitosourées, TMZ). Cette enzyme est dite « suicide » car, durant ce processus, elle subit une altération irréversible et est détruite. Des études ont montré que la méthylation du promoteur du gène de l'AGAT, diminuait la concentration de cette enzyme et par conséquent les capacités de chimiorésistance aux alkylants (Benouaich-Amiel et al., 2005). Ainsi, des études récentes ont mis en évidence une augmentation de la survie des patients atteints de gliomes traités avec des nitroso-urées ou du TMZ après inhibition de l'AGAT. Des essais complémentaires sont actuellement en cours pour confirmer les premiers résultats (van den Bent et al., 2006).

I 3-5-1-5 Amélioration des essais cliniques

Il existe différentes stratégies visant à améliorer l'efficacité des thérapies permettant de combattre les tumeurs cérébrales. La microdialyse est une technique destinée à l'étude de la variabilité de la cinétique tumorale selon la région tumorale analysée et présente un intérêt certain dans l'amélioration de l'utilisation adéquate des médicaments dans le traitement des gliomes. Ainsi il est intéressant de déterminer si les concentrations de médicaments adéquates atteignent le tissus cible *in vivo*. Cette technique a été utilisée avec succès afin de mesurer la concentration de différents composés chez des patients atteints de tumeurs cérébrales. D'ailleurs le consortium « New Approaches to Brain Tumor Therapy » (NABTT), conduit une étude utilisant cette technique afin de mesurer les concentrations de méthotrexate chez des patients atteints de gliomes malins récurrents (Olson et al., 2005). De plus, la technique de microdialyse présente l'avantage de mesurer la concentration de médicament au sein du tissu tumoral, en temps réel.

I.4. APPORT DES SPECTROSCOPIES OPTIQUES DANS LA CARACTÉRISATION TISSULAIRE

La compréhension des changements moléculaires, cellulaires et tissulaires qui se produisent au cours de la carcinogenèse des gliomes malins est primordiale dans la recherche contre le cancer en neurologie. Les récents progrès réalisés en optique et en imagerie moléculaire offrent de nouvelles possibilités dans la prise en charge des tumeurs cérébrales, notamment dans l'amélioration du diagnostic clinique et dans la surveillance du traitement. Une technique en particulier tire avantage de ces récents développements : « Les spectroscopies optiques ». Toutes les techniques de spectroscopies optiques résultent de l'interaction d'un rayonnement avec la matière, en l'occurrence des sources lumineuses couvrant un domaine de fréquences allant de l'infrarouge (IR) à l'ultraviolet lointain (*Figure 18*) (Eikje et al., 2005), (Toms et al., 2006).

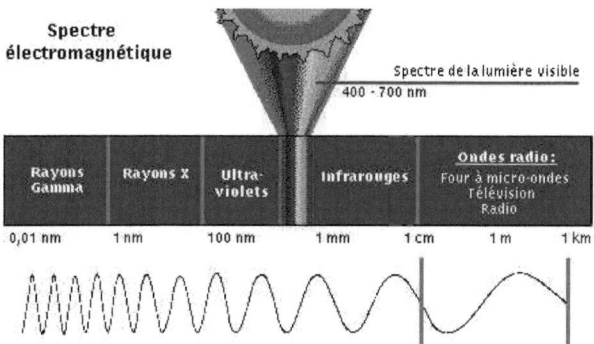

Figure 18 : Spectre électromagnétique

Lorsqu'on excite une molécule avec un rayonnement, suivant l'énergie de cette radiation on peut observer les phénomènes suivants :

- Absorption infrarouge
- Diffusion Raman
- Emission de fluorescence

La spectroscopie d'émission de fluorescence met en jeu les niveaux d'énergie électronique alors que les spectroscopies Raman et IR mettent en jeu les niveaux d'énergie vibrationnelle.

Spectroscopies vibrationnelles

Les techniques permettant l'analyse de ces phénomènes sont respectivement la spectroscopie infrarouge à transformée de Fourier, la spectroscopie Raman, et la spectroscopie de fluorescence. Nous nous sommes principalement intéressés aux techniques de spectroscopie vibrationnelle (IR et Raman), en plein essor actuellement. En effet, ces techniques permettent de réaliser des images «moléculaires et/ou fonctionnelles» sans marquage préalable. Elles sont capables de fournir des informations au regard des propriétés optiques intrinsèques des cellules et/ou des tissus, permettant ainsi de caractériser les systèmes biomoléculaires simples ou complexes en terme de composition biochimique et/ou de structure des cellules ou tissus. Ces techniques peuvent donc être utilisées pour différencier les signatures moléculaires des tissus sains et cancéreux, faisant de ces techniques des outils intéressants dans la lutte contre le cancer (Xu and Povoski, 2007).

De plus, le développement spectaculaire de nouvelles sources de rayonnement électromagnétique, couvrant un domaine de fréquences allant des ondes radio à l'ultraviolet lointain (lasers, rayonnement synchrotron), a renouvelé considérablement l'intérêt porté aux processus d'interaction entre photons et atomes. De nouvelles méthodes sont apparues, permettant d'obtenir des informations de plus en plus précises sur la structure et la dynamique des atomes et des molécules.

Au niveau cellulaire et tissulaire, ces spectroscopies ont montré qu'elles permettaient sur la base d'informations moléculaires ou supramoléculaires (acides nucléiques, protéines, lipides....) de construire des descripteurs fonctionnels représentatifs d'une situation biologique telle que :

- cellule normale ou pathologique,
- tissu sain ou pathologique,
- induction d'une cytotoxicité,
- induction d'une voie apoptotique ou de différenciation,
- présence ou non d'un phénotype de résistance..... (Manfait, 2006).

De ce fait, ces méthodologies semblent représenter des outils particulièrement puissants et performants pour une caractérisation précoce d'un état pathologique (au niveau cellulaire et/ou tissulaire) et pourraient conduire, à la mise en place d'éléments prédictifs pour le diagnostic précoce d'une pathologie , (Bondza-Kibangou et al., 2001), (Manfait, 2006).

Spectroscopies vibrationnelles

Les caractéristiques de fréquence, d'intensité et de largeur des bandes d'un spectre, permettent d'identifier les groupements fonctionnels des molécules et de caractériser des structures biologiques complexes.

I.4-1 Les spectroscopies vibrationnelles

I 4-1-1 Spectroscopies Raman et IR

Ces techniques basées sur les vibrations moléculaires, sont complémentaires, chacune présentant des avantages et des inconvénients. Les principes de l'effet Raman et de l'absorption IR sont différents l'un de l'autre et ces différences ont des implications importantes dans les applications biologiques de ces spectroscopies vibrationnelles. En spectroscopie IR, une molécule irradiée absorbe la lumière incidente ce qui conduit à une transition d'un niveau d'énergie vibrationnelle faible vers un niveau d'énergie élevé. Lors de l'absorption de la lumière IR par la molécule, un changement du moment dipolaire permanent se produit durant la vibration moléculaire. L'effet Raman quant à lui est un processus de diffusion inélastique de très faible probabilité. Les photons du rayon incident entrent en collision avec la molécule, et entraîne un échange d'énergie entre les photons et cette molécule. En conséquence, les photons issus de la lumière diffusée ont un niveau d'énergie plus haut ou plus bas. Le gain ou la perte d'énergie conduit à un changement de l'état vibrationnel initial de la molécule à un état vibrationnel différent. Pour que la molécule produise un effet Raman, il faut qu'un changement de polarisabilité moléculaire se produise durant la vibration (Dukor, 2002), (Eikje et al., 2005).

I 4-1-2 Principe de la spectroscopie Infrarouge

Cette spectroscopie vibrationnelle est basée sur des phénomènes d'*absorption* de photons. Les molécules organiques ne sont pas un assemblage rigide d'atomes mais peuvent être modélisées plutôt comme un ensemble d'atomes, liés par des ressorts de forces variables, les liaisons chimiques. Ces liaisons sont le résultat d'un équilibre des forces. L'énergie d'un rayon lumineux incident ne peut être absorbée que lorsque la fréquence de la lumière est identique à la fréquence propre de la liaison intermoléculaire.

Un spectre infrarouge est la représentation graphique de l'intensité de la lumière absorbée en fonction de la fréquence (ou de la longueur d'onde) de la lumière incidente. La manière la plus simple de présenter la spectroscopie infrarouge est de commencer par le modèle le plus élémentaire qui consiste en une molécule diatomique en vibration. Chaque système diatomique

Spectroscopies vibrationnelles

constitue un oscillateur harmonique de fréquence propre υ. Si le faisceau lumineux incident a une énergie du même ordre de grandeur que l'énergie de vibration des atomes de la molécule, le rayonnement va être absorbé et on enregistrera une diminution de l'intensité réfléchie ou transmise. Le domaine d'énergie de vibration des molécules correspond au domaine de fréquence moyen-infrarouge entre 400 et 4000 cm^{-1} (longueur d'onde de 2,5 à 25 µm).

Le spectre infrarouge représente donc l'absorbance A (ou la transmittance T) en fonction de la longueur d'onde λ qui est traditionnellement exprimée sous la forme du nombre d'onde ν

$$\nu = \frac{1}{100 \lambda} \quad \text{en cm}^{-1}$$

Lorsque la fréquence de cette radiation incidente est égale à la fréquence de résonance de l'oscillateur harmonique, il y a absorption de l'énergie lumineuse et amplification des vibrations. Cet état excité ne dure qu'une fraction de seconde. Le retour à l'état fondamental libère l'énergie absorbée sous forme de chaleur. La spectroscopie IR mesure les énergies vibrationnels des molécules résultant de cette absorption. L'absorbance est définie par :

$$A = \log(I_0/I) \quad \text{Avec } I_0 : \text{Intensité incidente}$$
$$\text{et } I : \text{Intensité transmise.}$$

Lorsqu'une molécule est soumise à une radiation infrarouge, la structure moléculaire vibre, ce qui a pour effet de modifier :

- les distances inter atomiques (vibrations de valence ou d'élongation)
- les angles de valence (vibrations de déformation).

Ainsi, sur un spectre IR, les positions des bandes d'adsorption sont repérées en fonction soit de la longueur d'onde (nm), soit du nombre d'onde υ ou δ (cm^{-1}), correspondant respectivement aux vibrations de valence et de déformation. Les vibrations sont associées à certains groupements fonctionnels de ces molécules (*Figure 19*).

Spectroscopies vibrationnelles

✓ La région comprise entre 4000 cm^{-1} et 2500 cm^{-1} rend compte des mouvements d'élongation des liaisons N-H, C-H et O-H. Les liaisons N-H absorbent dans la région 3300 – 3600 cm^{-1}, les liaisons C-H aux environs de 3000 cm^{-1}.

✓ Entre 2500 cm^{-1} et 2000 cm^{-1}, on observe les bandes d'absorption dues à l'élongation des triples liaisons des nitriles RCN et des alcynes.

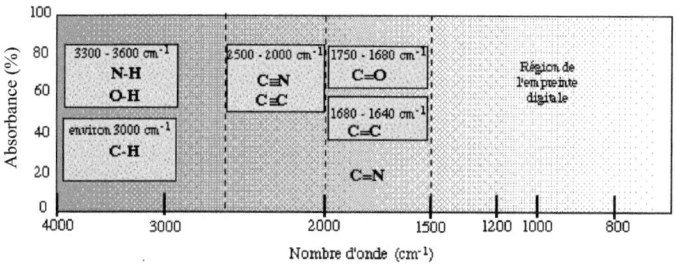

Figure 19 : Positions des bandes d'adsorption d'un spectre I.R

✓ Entre 2000 cm^{-1} et 1500 cm^{-1} se trouve la région où absorbent les doubles liaisons C=O, C=N et C=C. Les groupements carbonyles absorbent normalement entre 1750 cm^{-1} et 1680 cm^{-1}, les bandes alcènes entre 1680 cm^{-1} et 1640 cm^{-1}(***Annexe 2***).

D'après la théorie, une molécule contenant N atomes a 3N-6 degrés de liberté de vibration (3N-5 pour les molécules linéaires). Cependant, toutes les liaisons inter-atomiques ne sont pas capables d'absorber de l'énergie lumineuse infrarouge, même dans le cas où la fréquence de la lumière est la même que la fréquence propre de la liaison. Seules les liaisons qui présentent une variation du moment dipolaire permanent au cours de la vibration seront « actives dans l'infrarouge ». Par exemple pour une molécule à 3 atomes, on a 3 degrés de liberté de vibration, pour une molécule à 4 atomes, on a 6 degrés de liberté. Des exemples des modes vibratoires typiques sont présentés *figure 20*

I 4-1-2-1 La spectroscopie infrarouge à transformée de Fourier (IRTF)

La spectroscopie infrarouge a longtemps été limitée par la lenteur d'acquisition des spectres, les mesures étant réalisées successivement pour chaque longueur d'onde par un monochromateur dispersif (prisme ou réseau). Le multiplexage de ces acquisitions rendu possible grâce à l'interférométrie permet de mesurer l'absorption pour chaque longueur d'onde simultanément accélérant considérablement le temps d'acquisition nécessaire à l'établissement de l'interférogramme. Cette avancée a été rendue possible par l'application de la transformée de Fourier rapide permettant la résolution en temps réel de l'interférogramme, par le perfectionnement des lasers améliorant la précision de la mesure et par le couplage à des micro-ordinateurs rapides et performants. L'interférométrie, basée sur la génération d'interférences constructives et destructives dans le rayonnement polychromatique, via un interféromètre, permet de calculer précisément l'intensité de chacune des longueurs d'onde du rayonnement total par l'application de la transformée de Fourier.

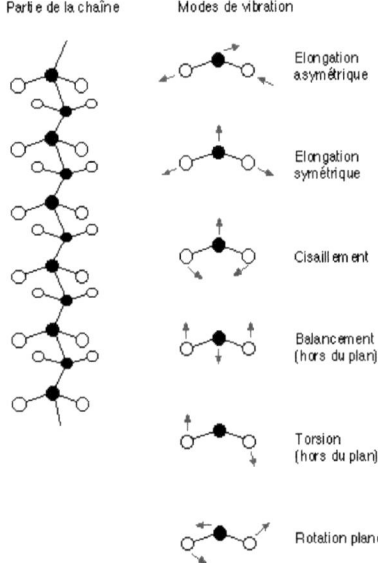

Figure 20 : Exemple de vibrations atomiques : la chaîne hydrocarbonée.

I 4-1-2-2 Attributions spectrales en spectroscopie infrarouge

L'étude des macromolécules biologiques initiée par Blout et Fields en 1949 pour les acides nucléiques et par Elliott et Ambrose en 1950 pour les protéines a montré que de nombreuses informations pouvaient être apportées par cette méthode (Mourant et al., 2003). La spectroscopie

Spectroscopies vibrationnelles

infrarouge s'est révélée particulièrement sensible aux conformations de ces molécules complexes et est considérée comme l'une des méthodes les plus adaptées à l'étude des biopolymères. L'un des avantages majeurs de la technique est de pouvoir étudier les changements de conformation des molécules biologiques en interaction avec leur environnement (Fernandez et al., 2005), (*Annexes 3 et 4*)

I 4-1-3 Principe de la spectroscopie Raman

Le principe de la spectroscopie Raman est relativement simple. Il consiste à illuminer l'échantillon à étudier avec une lumière monochromatique (une seule couleur et pas un mélange). Une fraction des photons constituant cette radiation est réfléchie ou absorbée, et une fraction plus faible est diffusée dans toutes les directions de l'espace. Parmi les photons diffusés, la plupart ont la même fréquence que le rayonnement excitateur ($\lambda 0$). Ce phénomène de diffusion sans changement de fréquence est *la diffusion Rayleigh* ($\lambda 0$).

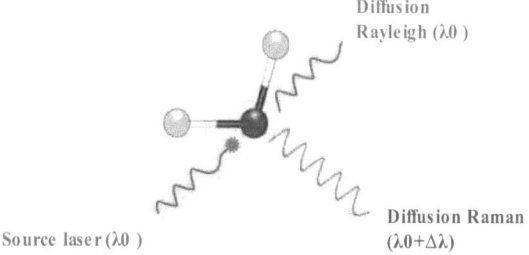

Figure 21 : Principe de la diffusion Raman

Occasionnellement, un photon est diffusé de manière inélastique c'est à dire avec une variation d'énergie par rapport à l'énergie du rayonnement incident, ce qui correspond à une transition vibrationnelle : c'est la diffusion Raman ($\lambda 0 + \Delta \lambda$) (*Figure 21*). Cet effet Raman inclut deux types de diffusion, la diffusion Raman Stokes et anti-Stokes. Lors de la diffusion Raman Stokes, la fréquence de la lumière diffusée ($v_0 - v_v$) est plus petite que celle de la lumière incidente. Par contre, lors de la diffusion anti-Stokes la fréquence de la diffusion ($v_0 + v_v$) est plus élevée que celle de la lumière incidente (*Figure 22*). Comme il s'agit d'un processus intrinsèquement très faible, des sources de lumière intense telles que les lasers sont nécessaires.

Spectroscopies vibrationnelles

Pour que la diffusion Raman se produise, il faut également que le champ électrique de la lumière excitatrice induise un changement de polarisabilité de la molécule.

D'un point de vue pratique, pour réaliser une expérience de diffusion Raman, il faut focaliser de la lumière (en général un laser) sur l'échantillon à étudier à l'aide d'une lentille. Ensuite la lumière diffusée, recueillie à l'aide d'une autre lentille, est envoyée dans un monochromateur, puis son intensité est mesurée à l'aide d'un photo-multiplicateur. La lumière diffusée est majoritairement détectée dans une direction autre que celle de la lumière réfléchie par l'échantillon, sauf dans les montages sous microscope.

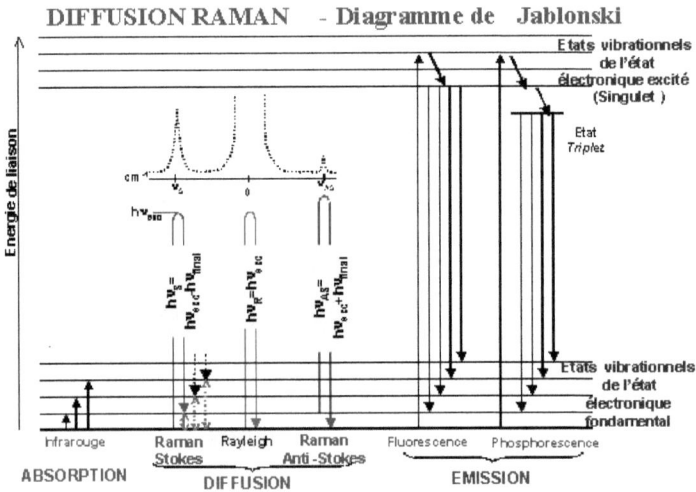

Figure 22 : Diagramme de Jablonski

I 4-1-3-1 Attributions spectrales en spectroscopie Raman

L'utilisation de la spectroscopie Raman peut, comme la spectroscopie IR, apporter de nombreuses informations dans l'étude des macromolécules biologiques. En effet, les spectres Raman au niveau des systèmes biologiques sont une combinaison linéaire d'informations sur les protéines, les lipides ainsi que les acides nucléiques (*Annexe 5*). Chaque bande Raman est caractérisée non seulement par son déplacement en nombre d'onde mais aussi par son intensité, ses caractéristiques de polarisation et sa forme ainsi que sa largeur à mi-hauteur. (***Figure 23***).

55

Spectroscopies vibrationnelles

D'autre part, l'intensité de la diffusion Raman est directement proportionnelle à la concentration des espèces diffusantes, ce qui est important en analyse quantitative.

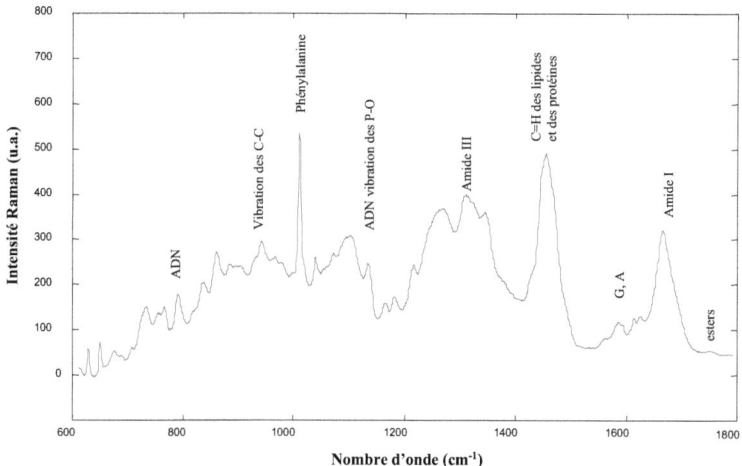

Figure 23 : Profil spectral obtenu sur un échantillon cellulaire ou tissulaire par spectroscopie Raman

I 4-2 Evolution des méthodes d'analyse et de traitements des données

I 4-2-1 Excitation dans le proche infrarouge

La gamme proche infrarouge (PIR), de 4 000 à 12 000 cm^{-1}, est de plus en plus utilisée tant au laboratoire que dans l'industrie. On note une importante diversité des appareils disponibles utilisés dans le PIR, allant des prototypes de laboratoires aux appareils commerciaux équipés de divers types de monochromateurs. L'imagerie dans le PIR est utilisée pour l'étude de macro-échantillons, comme par exemple l'étude de pigments de tableaux, de contaminants sur des carcasses de volailles ou autres applications en agro-alimentaire. Dans le PIR, la résolution spatiale est légèrement améliorée du fait de la longueur d'onde de la lumière plus courte que celle utilisé dans l'IR moyen. De plus, l'utilisation de l'excitation dans le proche IR permet de réduire la fluorescence intrinsèque du tissu, observée dans les études Raman avec une excitation dans le visible. En effet, en 1986, Hirschfeld et Chase ont montré qu'avec une excitation à 1064 nm, les spectres Raman pouvaient être observés à partir de matériaux pour lesquels, avec une excitation

Spectroscopies vibrationnelles

dans le visible, la diffusion Raman était obscurcie par un bruit de fond fluorescent (Hirschfeld and Chase, 1986).

I 4-2-2 Imagerie spectrale

La cartographie s'est assez largement développée grâce à l'essor de l'informatique, offrant des capacités de mémoire importante et une grande vitesse de traitement du signal spectral. D'autre part, les possibilités d'autofocus facilitent l'acquisition des nombreux spectres nécessaires pour la cartographie. L'introduction de nouveaux détecteurs matriciels a permis le développement de l'imagerie pour la spectroscopie vibrationnelle (infrarouge, proche infrarouge et Raman) et l'amélioration constante de ces détecteurs devrait conduire à une large diffusion de cette technique. En effet, divers systèmes d'imagerie sont disponibles pour les macro- ou micro-échantillons. De plus, l'imagerie spectroscopique a l'avantage de permettre une analyse chimique qualitative, semi-quantitative voir quantitative, c'est pour cela qu'elle est aussi appelée « *imagerie chimique* » (Watts et al., 1991). Enfin, contrairement à la microspectroscopie point par point, il est possible d'obtenir des images en quelques minutes au lieu de quelques heures (Lachenal et al., 2001), (Duponchel et al., 2003).

I 4-2-3 Traitements des spectres

En cartographie ou en imagerie, l'obtention d'une grande quantité de spectres peut être étudiée par différents traitements. Les analyses classiques, univariables, utilisent les rapports de pics, hauteur, surface, largeur à mi hauteur, position des pics pour faire des images. Cependant, les spectres contiennent souvent des bandes qui se chevauchent et dont l'interprétation ne peut se faire par simple inspection visuelle mais nécessite des approches alternatives. Il est donc essentiel que les mesures spectroscopiques soient couplées à une stratégie d'analyse multivariée (Handl et al., 2005), (Jarvis and Goodacre, 2005). Des logiciels très complets tels que Matlab dédiés à l'imagerie chimiques sont disponibles. Divers traitements peuvent ainsi être programmés permettant une meilleure connaissance des espèces chimiques présentes dans le système étudié. (Ruckebusch et al., 2003).

I 4-2-4 Analyse statistique multivariée

L'analyse multivariée sera souvent le moyen le plus efficace pour mettre en évidence de faibles différences entre les spectres. Les données multivariées telles que celles générées à partir des expériences IR ou Raman résident dans le résultat des observations de nombreuses et diverses

Spectroscopies vibrationnelles

variables (longueur d'onde et déplacement de longueur d'onde) pour un nombre d'individu (sujets malades, sains...). Chaque variable devant être considérée comme constituant une dimension différente, tel que s'il y a « n » variables (bandes IR ou Raman) chaque objet doit être considéré comme résidant à une position unique dans une entité abstraite définie comme l'hyperespace « n-dimensionnel ». Cet hyperespace est forcément difficile à visualiser, et l'objectif fondamental de l'analyse multivariée (AMV) est donc la simplification ou réduction dimensionnelle.

En général, les méthodes non supervisées telles que l'analyse en composante principale (ACP) et l'analyse hiérarchique en cluster (AHC) sont utilisées pour mettre en évidence les différences et similitudes entre spectres. Après calcul des composantes principales pour chaque pixel, des cartes ou images factorielles sont obtenues en niveaux de gris et/ou en couleurs. Si on a créé ces images factorielles en affectant des niveaux de rouge pour la première (ou la ième) composante, des niveaux de vert pour la seconde (ou la i+j ième) et des niveau de bleu pour une troisième, il sera alors possible de créer une nouvelle image composite en pseudo-couleurs rouge vert bleu dite RVB. Les méthodes de discrimination à partir des distances euclidiennes ou des distances de Mahalanobis sont aussi utilisées en cartographie/imagerie. Les résultats pourront être visualisés sous différentes représentations en 2 ou 3 dimensions. La réalisation de ces images en pseudocouleurs facilite l'appréhension de telles images par le non-spectroscopiste, qui peut facilement apprécier l'hétérogénéité d'un échantillon. Cependant, ces impressions sont subjectives et le principal inconvénient est la difficulté de relier ces couleurs à des fonctions chimiques précises, ou à des processus biologiques.

I 4-3 Evolution de l'instrumentation pour le biomédical

Ces dernières années, des avancées technologiques importantes ont été réalisées dans l'instrumentation utilisée en IR et Raman, permettant le passage de ces méthodes du laboratoire vers les applications cliniques. Ces développements techniques incluent de nouveaux lasers permettant une échelle de longueurs d'onde d'excitation plus large, des logiciels informatiques dédiés à la collection et au traitement des données plus sophistiqués, de nouveaux dispositifs photoniques plus performants (détecteurs CCD, filtres holographiques, sondes et fibres optiques) ainsi que de nouveaux instruments perfectionnés (microscope Raman confocal, spectroscopie

Raman à transformée de Fourier et imagerie Raman. (Mulvaney and Keating, 2000), (Utzinger and Richards-Kortum, 2003), (Lyon et al., 1998).

De ce fait, l'utilisation de micro- et macro-échantillons devient possible pour les mesures tissulaires, incluant la peau, aussi bien que les mesures *in vivo* en temps réel dans à peu près toutes les parties du corps, permettant ainsi les applications diagnostiques dans le champ clinique.

I 4-3-1 Instrumentation dans le domaine biomédical

Depuis sa découverte en 1928, l'effet Raman a été reconnu comme un outil analytique puissant. En 1970, le constructeur Jobin-Yvon a eu l'idée de coupler un spectromètre Raman à un microscope optique qui donna une résolution latérale de 1 micron. Cette configuration a été modernisée depuis. En effet, la spectroscopie Raman dans le PIR est devenue un outil puissant dans la détermination de la composition biochimique du tissu humain. Ces dernières années, des avancées technologiques significatives ont été réalisées permettant l'application de la spectroscopie Raman à de nombreux problèmes extérieurs au laboratoire, en addition des investigations traditionnelles de nature plus fondamentale. Par exemple, la spectroscopie Raman est aujourd'hui largement utilisée dans de nombreuses analyses, processus de contrôle et en environnement. Aujourd'hui la spectroscopie Raman peut être intégrée à des systèmes spécifiquement conçus pour l'utilisation clinique (Hanlon et al., 2000).

Spectroscopies vibrationnelles

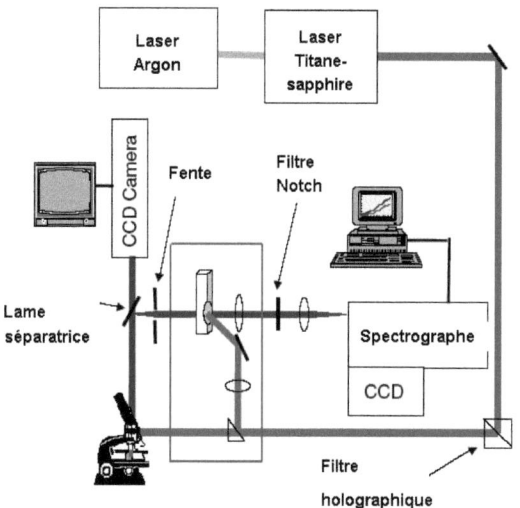

*Figure 24 : Schéma d'un spectromètre Raman de laboratoire
pour l'étude de tissus et coupes de tissus*

En effet, ces dernières années, l'instrumentation en spectroscopie Raman a considérablement changé, reflétant l'amélioration des sources laser, des filtres optiques, et des détecteurs de photons. Des sources laser puissantes dotées de diode compacte et pouvant procurer une ligne d'excitation étroite et stable dans une fourchette de longueur d'ondes allant du proche IR aux UV sont actuellement disponible dans le commerce. En particulier, l'excitation dans le proche IR offre des avantages significatifs, notamment d'éviter les interférences avec la fluorescence de matériel biologique. D'autre part, les améliorations apportées au filtre Notch, responsable de l'élimination de la raie excitatrice laser élastique (Rayleigh), l'introduction de système dispersif de type réseau holographique pour maximiser le débit de photons, ainsi que l'utilisation de détecteurs CCD (Charge-Coupled Device) ont également contribué à l'amélioration spectaculaire de la sensibilité et de la sélectivité en spectroscopie Raman (Krafft et al., 2004).

Les instruments Raman construits pour la recherche en laboratoire, capables de collecter des spectres de très haute qualité à des longueurs d'ondes d'excitation et de détection variables sont importants dans le développement des applications (*Figure 24*). Ces systèmes peuvent être utilisés

60

pour optimiser les longueurs d'ondes d'excitation pour un tissu particulier et déterminer des paramètres d'acquisitions et un rapport signal/bruit acceptable. Ils peuvent également être utilisés pour développer et tester des algorithmes et modèles analytiques mais aussi d'acquérir des données spectrales à partir des composants morphologiques tissulaires individuels afin de réaliser une modélisation.

I 4-3-2 Instrumentation dans le domaine clinique

D'autre part, les systèmes Raman construits pour les études cliniques ont des exigences différentes. Ils doivent être mobiles, capable de collecter des spectres via des fibres optiques en quelques secondes (afin de minimiser les artefacts de mouvements dus à la respiration et aux pulsations cardiaque) et se conformer aux normes de sécurité hospitalière (*Figure 25*), (Hanlon et al., 2000).

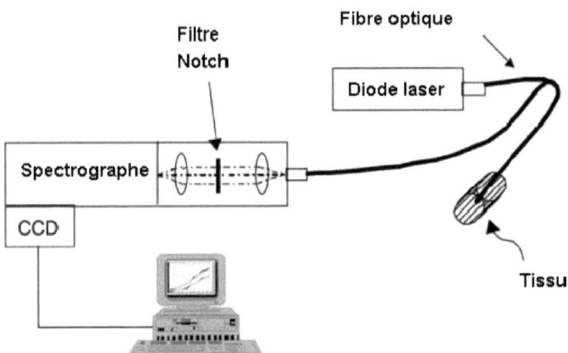

Figure 25 : Système Raman mobile utilisé en clinique et destiné aux acquisitions rapides

I 4-4 Applications biologiques des spectroscopies vibrationnelles

Les spectres de diffusion Raman procure essentiellement le même type d'information que les spectres d'absorption IR, notamment, au niveau des énergies des modes de vibrations moléculaire. Pourtant, les deux méthodes diffèrent fondamentalement en terme de mécanisme et de règles de sélection, et chaque méthode présente des avantages et des inconvénients en applications biologiques. L'instrumentation en spectroscopie Raman est typiquement plus

Spectroscopies vibrationnelles

complexe que pour l'IR. Réciproquement, l'eau est un milieu connu pour son spectre d'absorption très fort dans l'IR, et par conséquent les systèmes aqueux ne peuvent être étudiés en spectroscopie IR que si les mesures sont réalisées par ATR (Attenuated Total Reflection). Au contraire, l'eau n'interférant que très faiblement avec les spectres Raman, le matériel biologique, peut être étudié par spectroscopie Raman (Krafft et al., 2004).

Ainsi, la spectroscopie Raman présente un avantage intrinsèque sur la spectroscopie IR en ce qui concerne les échantillons biologiques, principalement dû à la faible diffusion de l'eau. A cet effet, une proportion significative d'applications IR se sont concentré sur des études cellulaires et tissulaires *in vitro*, alors qu'en Raman, la tendance est plutôt aux études diagnostiques *in vivo* (Dukor, 2002), (Eikje et al., 2005).

I 4-4-1 Applications cellulaires des spectroscopies vibrationnelles

Dans les domaines des sciences de la vie, les applications en IRTF sont nombreuses et variées. En microbiologie, l'IRTF a été utilisée pour l'identification rapide et précise des bactéries afin de différencier les espèces retrouvées en clinique (Naumann et al., 1991), (Goodacre et al., 1998), (Toubas et al., 2007), (Sandt et al., 2006), (Adt et al., 2006), (Essendoubi et al., 2005). Toutefois, il a été reconnu, durant ces dernières années, que l'IRTF combinée à une stratégie d'analyse multivariée appropriée, a un potentiel considérable en tant qu'outil permettant d'obtenir « l'empreinte métabolique » pour le diagnostic et la détection rapide d'une pathologie ou d'un dysfonctionnement. En effet, un nombre significatif d'études ont été menées sur les tissus, cellules et fluides biologiques dans le domaine de recherche appelé « pathologie IR » par Diem et ses collaborateurs, et maintenant plus communément désigné sous le nom de « metabolic fingerprinting » (Diem et al., 1999), (Goodacre et al., 2004), ((Petibois and Deleris, 2006).

La spectroscopie Raman porte sur les domaines similaires, particulièrement en microbiologie (Maquelin et al., 2002). La spectroscopie Raman dans la partie visible et dans le moyen IR est surtout utilisée pour la caractérisation des microorganismes, ainsi que des cellules seules (Maquelin et al., 2000), (Koljenovic et al., 2002), (Kirschner et al., 2001), (Huang et al., 2004). Enfin, en raison de sa capacité à collecter les spectres vibrationnels à partir d'environnement aqueux, la spectroscopie Raman a également été utilisée dans l'analyse de la fermentation microbienne (McGovern et al., 2002), (Clarke et al., 2005), (Ellis and Goodacre, 2006).

Spectroscopies vibrationnelles

➤ **Exemple de microspectroscopie Raman d'une cellule isolée**

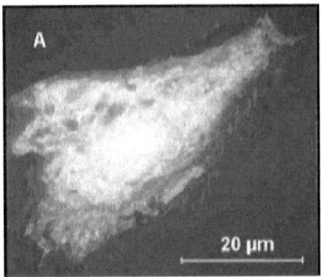 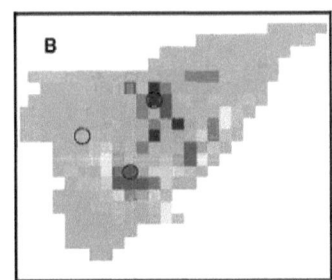

Figure 26 : A Photographie d'une cellule séchée d'ostéosarcome, B Cartographie Raman pseudo colorée reconstruite sur la base d'intensité des bandes Raman. Les données sont obtenues en excitant avec une diode laser à 785 nm et un temps d'exposition de 1 minute (Krafft et al., 2004).

La microspectroscopie Raman peut devenir une méthode puissante d'étude des cellules isolées. Cet outil combine la spécificité moléculaire avec une résolution limitée par diffraction à l'échelle submicrométrique. De plus, elle peut être appliquée dans des conditions *in vivo* sans fixateurs, ni marquage. Une comparaison de photographies de cellules de sarcome ostéogénique humain séchées ainsi que le résultat de l'étude par imagerie Raman sont présentés *figure 26A et B*. Dans cette étude, les principaux constituants cellulaires sont soulignés par des couleurs, sur la base des informations spectrales. Le contraste des images reflétant les propriétés moléculaires des spécimens, cette approche est souvent appelée « marquage moléculaire ». Le code couleur utilisé dans la *figure 26B* illustre la région nucléaire en bleu et les organelles riches en lipides en rouge. Des résultats similaires ont été décrits pour d'autres types cellulaires (Unzunbajakava et al., 2003), (Krafft et al., 2004). Cette méthode peut également être appliquée à l'étude des cellules vivantes. Il a ainsi été démontré récemment pour des cellules épithéliales de poumons que la viabilité n'était pas affectée après irradiation prolongée avec un laser à 785 nm et une puissance de 115 mW, alors que la morphologie change pour des cellules irradiées à 488 et 514 nm même si la puissance laser est faible soit 5 mW.

I 4-4-2 Applications diagnostiques

Globalement, le cancer est devenu la pathologie majeure en terme de morbidité et mortalité et l'identification précoce et rapide de néoplasies malignes est un bénéfice énorme à bien des égards, notamment en terme de diagnostic. Aussi, de nombreuses études ont été menées en

Spectroscopies vibrationnelles

utilisant les spectroscopies IR et Raman dans le but d'optimiser la détection de différentes formes de cancer et donc le diagnostic.

Les investigations spectroscopiques IR et Raman peuvent être divisées en deux champs d'application majeure :

- Les analyses *ex vivo*, qui tendent à fournir une estimation alternative de la pathologie rencontrée dans les tissus issus de la biopsie,
- Les analyses *in vivo*, pour lesquelles l'analyse des caractéristiques moléculaires de la pathologie cancéreuse est réalisée sans nécessité de procédure invasive en temps réel.

Actuellement ces techniques ne sont pas encore approuvées ni commercialisées comme techniques de routine pour le diagnostic médical, mais de nombreux pas ont été franchis pour parvenir à cet objectif.

I 4-4-2-1 Pathologie cancéreuse

La microscopie fait partie à part entière du diagnostic, notamment la microscopie visible des tissus colorés considéré comme le grand standard (Eikje et al., 2005).

La microspectroscopie vibrationnelle permet de créer des cartographies spectrales des tissus, qui après attribution d'une échelle de couleurs, correspondent directement à l'histologie du tissu. De plus, ces cartographies procurent des informations biochimiques peu accessibles à l'aide des techniques classiques. Il est important d'attirer l'attention sur le fait que ces cartographies sont produites à partir des spectres sans connaissance de l'architecture tissulaire des échantillons. Les cartographies spectrales permettent ainsi une compréhension combinée de la morphologie et de la biochimie donnant naissance aux spectres observés.

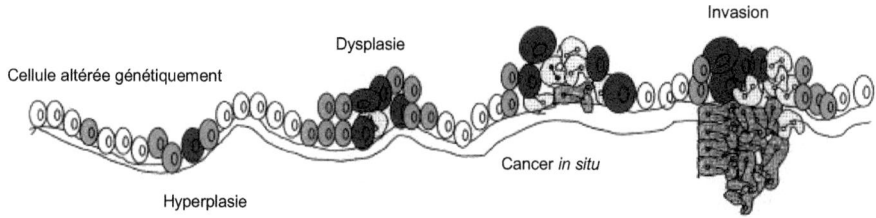

Figure 27 : Processus de carcinogenèse

Spectroscopies vibrationnelles

En comparant les spectres issus de chaque structure individuelle présente dans le tissu sain et pathologique, nous pouvons commencer à comprendre la manière dont ces composants changent au cours du processus de carcinogenèse (Eikje et al., 2005).

En effet, le cancer est une famille complexe de maladies et la carcinogenèse est un processus comprenant plusieurs étapes (*Figure 27*).

I 4-4-2-2 Exemples d'applications diagnostiques

Les récentes avances concernant les technologies optiques ouvrent de nouvelles perspectives dans l'utilisation de la spectroscopie Raman dans le diagnostic *in vivo*, notamment en ce qui concerne le cancer du colon, de l'utérus (Shim et al., 2000), (Hanlon et al., 2000), et de récentes publications ont rapporté la réalisation d'études cliniques concernant le diagnostic des cancers du poumon et du sein (Huang et al., 2003), (Stone et al., 2003), (Bigio and Bown, 2004). Néanmoins, si ces résultats sont encourageants, la spectroscopie Raman doit tout de même prouver sa complémentarité avec les techniques classiques de diagnostic optiques. Ceci pourrait améliorer la spécificité et la sensibilité diagnostique, particulièrement dans la détection de changements précancéreux (Bigio and Bown, 2004), (Ellis and Goodacre, 2006).

⟨ *Cancer de l'utérus*

Au cours des dernières années, des études spectroscopiques ont été menées sur le cancer de l'utérus et autres désordres gynécologiques et ces techniques ont été reconnues comme technologie émergente dans le dépistage des cancer utérins (Dhermain et al., 2005). Ainsi, Cohenford et al. ont démontré que la spectroscopie IR-TF, permet le diagnostic des néoplasies utérines, et peut aussi procurer des informations sur sa pathogenèse. Ces résultats ont également montré que cette technique permet d'établir une classification des pathologies de l'utérus (Cohenford et al., 1997), (Rigas et al., 2000), (Cohenford and Rigas, 1998). La spectroscopie Raman a, quant à elle, mis en évidence la possibilité de différencier des stades précoces de cancer de l'utérus (Mahadevan-Jansen et al., 1998a), (Mahadevan-Jansen et al., 1998b).

⟨ *Cancer du sein*

La spectroscopie Raman a été employée dans le diagnostic du cancer du sein à partir d'échantillon *ex vivo* issu de tissus humains. Les excellents résultats obtenus, présentent 94 % de

Spectroscopies vibrationnelles

sensibilité et 96 % de spécificité dans la distinction des tissus sains, cancéreux et bénins. Ces résultats témoignent du haut potentiel de cette technique dans la classification des lésions rencontrées au niveau du sein, au cours d'application menées *in vivo*, pouvant permettre de réduire le nombre de biopsies réalisées (Haka et al., 2005).

⌦ *Leucémie*

Ces dernières années le potentiel des spectroscopies IR-TF et Raman a été évalué dans le diagnostic et dépistage de la leucémie à travers l'analyse des lymphocytes (Liu et al., 2001), (Krishna et al., 2005). Il a ainsi été démontré que l'on pouvait différencier une des formes les plus communes de leucémie, la leucémie lymphocytique chronique (LLC). En effet, il a ainsi été permis de différencier les cellules de LLC des cellules normales notamment en fonction de leur contenu en ADN, suggérant la possible utilisation de ces techniques dans la gradation (progression de la maladie) et dans la détection des clones multiples (Ellis and Goodacre, 2006). Liu et ses collègues ont également démontré que la spectroscopie IR-TF en particulier (Liu et al., 2001) présente un potentiel important en clinique dans l'évaluation de l'efficacité chimiothérapeutique, chez les patients atteints de leucémie. En effet, des différences spectrales ont été observées entre les cellules contrôles et les cellules traitées à l'étoposide. La IR-TF représente également un outil puissant dans la discrimination des cellules leucémiques sensibles et résistantes (Malins et al., 2004), (Krishna et al., 2006), (Chauvier et al., 2002).

⌦ *Cancer de la prostate*

De nombreuses études utilisant les spectroscopies IR-TF et Raman ont été réalisées sur des tissus, lignées cellulaires et ADN provenant de sujets normaux et atteints d'hyperplasies bénignes et malignes de prostate (Stone et al., 2003). Les études menées en spectroscopie IR-TF ont permis de différencier les cellules bénignes des malignes associées aux propriétés invasives de chaque lignée cellulaire (Gazi et al., 2004). D'autres part, des études menées en spectroscopie Raman ont quant à elles permis la gradation des cancers avec une précision de 89 %(Stone et al., 2003). Enfin, la possibilité d'utiliser la spectroscopie Raman in vivo a été étudiée à l'aide d'une fibre optique délivrant une source laser et permettant la collection de la lumière Raman diffusée (Stone et al., 2003). Une étude récente couplant l'imagerie IR-TF et des études statistiques a suggéré que la progression d'un tissu sain vers un tissu cancéreux implique des altérations

Spectroscopies vibrationnelles

structurales. Cette étude démontre ainsi le potentiel d'une caractérisation histopathologique automatisée de tissu prostatique, dans la différenciation d'épithélium prostatique bénin et malin (Fernandez et al., 2005).

Les analyses précédentes réalisées sur différentes pathologies présentant un intérêt clinique majeur en raison de leur gravité et récurrence au sein de la population, soulignent l'émulation et l'intense activité rencontrées dans le champ d'applications des spectroscopies optiques. Des analyses par spectroscopie infrarouge ont également porté sur des tumeurs thyroïdiennes (Liu et al., 2003), l'adénocarcinome colorectal (Lasch et al., 2004), et les cancers gastriques (Fujioka et al., 2004), (Li et al., 2005). En spectroscopie Raman, des études ont été réalisées pour les cancers gastriques et colorectaux (Kumar Naraharisetti et al., 2007), (Dekker and Fockens, 2005), des mesures ont été réalisées, *in situ*, sur des échantillons d'œsophage de Barrett (un indicateur précoce de cancer oesophagien) (Kendall et al., 2003), (Stone et al., 2004) ainsi que des études de cancers et pré-cancers de larynx (Lau et al., 2005). Des mesures Raman ont pu également être réalisées au niveau de la peau (Hata et al., 2000), (Caspers et al., 2001), en ce qui concerne l'étude des mélanomes (Hammody et al., 2005), (Chew et al., 2007), (Gniadecka et al., 2004), en cosmétologie, des études ont permis d'étudier les effets de différents agents hydratant (Chrit et al., 2005). Ces techniques ont également été appliquées dans la prévention des anévrysmes aortiques (Buschman et al., 2000), (Bonnier et al., 2006).

I 4-4-3 Application dans le cadre des Tumeurs cérébrales

L'application des spectroscopies vibrationnelles a également montré un intérêt dans l'étude des tumeurs cérébrales. En effet, les principaux objectifs de la prise en charge adéquate des tumeurs cérébrales sont : la distinction, la classification et la gradation des différents types de tumeurs existantes. Plusieurs études spectroscopiques ont été menées dans ce but (Steiner et al., 2003), (Krafft et al., 2004) dont les plus récentes mettent en évidence la classification de gliomes malins par imagerie spectroscopique IR et analyse linéaire discriminante (Krafft et al., 2006), (Krafft et al., 2007). Dans cette étude une classification supervisée de modèles a été utilisée pour identifier le type de tissu en fonction de son empreinte spectrale afin de l'appliquer à des échantillons de gliomes humains astrocytaires. Ainsi des images IR réalisées à partir de coupes de gliomes malins issues de patients ont été associées selon un modèle d'analyse linéaire discriminante à six types de tissus différents correspondant au tissu sain, astrocytome de grade II,

Spectroscopies vibrationnelles

astrocytome de grade III, GBM multiforme de grade IV, tissu hémorragique et autre tissus. Ces résultats ont été comparés aux examens histopathologiques standard et les applications potentielles de l'imagerie par IR en tant qu'outil rapide en complément des méthodes classiques de diagnostic sont actuellement discutées.

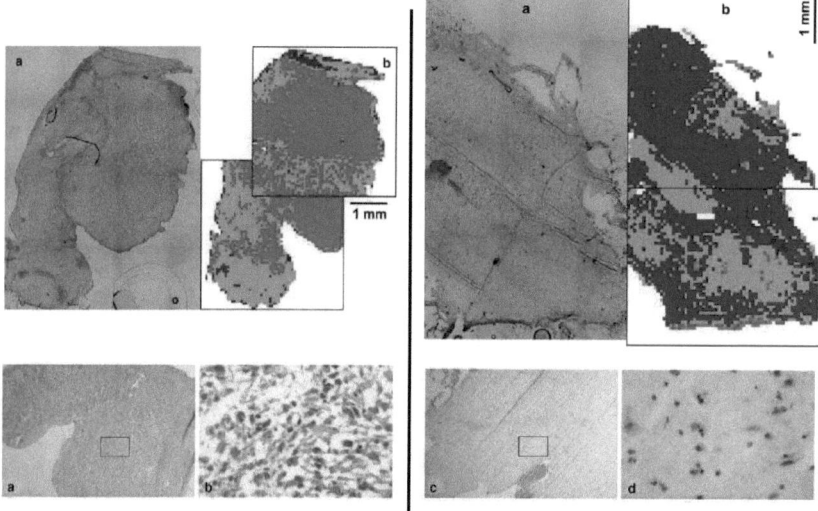

Figure 28 : A et B Cryocoupes de tissu cérébral (a), images IR (b), Les codes couleur représentent les classes associées du modèle de l'analyse linéaire discriminante (ALD) : GBM multiforme (rouge), astrocytome grade III (orange), astrocytome grade II (bleu), tissu sain (vert), tissu hémorragique (marron), et autre tissu (gris). C Cryocoupe colorée à l'hématoxyline éosine. Faible grandissement de la Fig 28A (a, haute cellularité) et 28B (c, cellularité augmentée). Fort grossissement des zones encadrées en a (b) et en c (d), (Krafft et al., 2007).

D'autres études ont également mis en évidence le potentiel des spectroscopies IR et Raman dans le diagnostic et le traitement des tumeurs cérébrales en explorant respectivement les différences existant entre des tissus cérébraux sains et des GBM ainsi qu'entre des cellules astrocytaires normales et des cellules issues d'astrocytomes (Bambery et al., 2006), (Banerjee and Zhang, 2007) mettant ainsi en évidence tout l'intérêt des spectroscopies vibrationnelles dans l'étude de cette pathologie.

Objectifs

OBJECTIFS DE L'ETUDE

Tout tissu affecté par un désordre biologique présente des changements moléculaires caractéristiques traduisant le passage du tissu sain à son état pathologique. Les spectroscopies IRTF et Raman peuvent permettre d'appréhender, sur un plan moléculaire, les transitions entre les différents états rencontrés, transitions difficilement décelables à l'aide des méthodes morphologiques seules. En effet, une tumeur maligne exerce une influence significative sur son environnement immédiat, et génère au sein de cet environnement des modifications structurales et/ou métaboliques, appelées "Malignancy Associated Changes ou MAC". Ces modifications peuvent présenter un intérêt pronostique et pourraient traduire selon leur importance une capacité plus ou moins forte de la tumeur voisine à s'étendre dans le tissu sain. Différentes études utilisant ces approches ont été conduites sur de nombreux tissus comme la peau (Lasch *et al.* 1998), le sein (Dukor *et al.* 1998), le poumon (Huang et al. 2003), et l'utérus (Chiriboga *et al.* 1998). Ces études révèlent certains changements spectraux caractéristiques, résultats des changements de structure à l'état moléculaire faisant ainsi apparaître tout le potentiel des microspectroscopies vibrationnelles dans la détection de tissus affectés par un désordre biologique.

Ainsi au cours de ces travaux de thèse, le potentiel des microspectroscopies vibrationnelles a été évalué sur un modèle de gliome C6 induit chez le Rat mâle Wistar, présentant un grand nombre de caractéristiques du GBM, forme la plus maligne de gliomes humains. Ces études visent à déterminer les signatures spectrales caractéristiques des tissus sains, tumoraux, transitionnels.

- Dans une première partie, nous nous sommes attachés à caractériser par microspectroscopie IR pour ce modèle C6, les empreintes moléculaires des différentes structures cérébrales saines et tumorales ainsi que l'interface entre ces deux tissus, témoin de la progression et de l'invasion tumorale.

- Dans une deuxième partie, ces empreintes moléculaires ont été caractérisées par microspectroscopie Raman, technique complémentaire à la microspectroscopie IR et présentant l'avantage de pouvoir être utilisée pour de futures applications cliniques.

Objectifs

- La troisième partie, quant à elle, est consacrée à la détermination des modifications induites par le développement tumoral sur l'architecture tissulaire et à l'influence de ces modifications sur la distribution d'un agent anticancéreux.

- Enfin dans la dernière partie, nous nous sommes attachés à démontrer la faisabilité, *in vivo*, de nos expériences précédentes réalisées, ex vivo. Pour cela, le développement d'un modèle de gliome C6 a été étudié, sur le petit animal, à l'aide d'un système Raman mobile intravital.

Chapitre II

TRAVAUX EXPERIMENTAUX

PARTIE I : Caractérisation du tissu cérébral sur un modèle de gliome induit chez le rat par spectroscopie Infra-rouge

Les GBMs représentent la forme la plus maligne de tumeurs cérébrales. Ce type de gliome se caractérise par une invasion locale et diffuse au sein du parenchyme cérébral. La croissance tumorale et les modifications du réseau vasculaire entraînent une augmentation de la pression intracrânienne ainsi que des lésions du tissu cérébral. En dépit de l'arsenal thérapeutique existant, le traitement des GBM reste difficile, avec une survie pour les patients atteints de moins de 15 mois. Le caractère infiltrant du GBM rend la résection chirurgicale complète du tissu tumoral, traitement de première intention, difficile voir impossible. C'est pourquoi, une meilleure connaissance de la *dynamique d'invasion* apparaît cruciale pour le développement de nouvelles approches thérapeutiques.

En plus de la chirurgie et radiothérapie, les protocoles de chimiothérapies sont souvent utilisés, permettant dans certains cas une augmentation de la médiane de survie. Ces résultats bien que modeste justifient la poursuite d'investigations visant à *développer de nouvelles techniques* pour une *meilleure compréhension de la pathogenèse des GBM*.

Dans cette première étude, nous nous sommes attachés à utiliser la MIR-TF, technique sensible à la composition moléculaire et aux changements conformationnels, dans la recherche des modifications associées au développement tumoral, non décelables par les méthodes morphologiques classiques. L'utilisation de *l'imagerie spectrale* a été couplée à une *analyse statistique multivariée* permettant de discriminer toutes les structures cérébrales saines ainsi que les zones tumorale et périphérique à la tumeur. En effet, des études préliminaires ont démontré tout le potentiel de cette technique dans la discrimination entre tissus sain et pathologique, entre tissus apoptotiques et nécrotiques, entre cellules résistantes et sensibles, ainsi que dans l'efficacité de la chimiothérapie anticancéreuse.

Au niveau du tissu cérébral, les principaux changements structuraux sont liés aux modifications *quantitatives et qualitatives de lipides*, ainsi qu'au degré de myélinisation, facteur retrouvé dans de nombreux désordres neurodégénératifs. Ainsi la concentration et composition en lipides pourraient être utilisées comme *marqueurs spectroscopiques* afin de discriminer les tissus sains tumoraux et périphériques.

Review

Brain tissue characterisation by infrared imaging in a rat glioma model

Nadia Amharref [a], Abdelilah Beljebbar [a,*], Sylvain Dukic [a], Lydie Venteo [b], Laurence Schneider [b], Michel Pluot [b], Richard Vistelle [a], Michel Manfait [a]

[a] *Unité MéDIAN, CNRS-UMR 6142, UFR de Pharmacie, IFR 53, Université de Reims Champagne-Ardenne, 51 rue Cognacq-Jay, 51096 Reims cedex, France*
[b] *Laboratoire Central d'Anatomie et de Cytologie Pathologiques, CHU Robert Debré, Avenue du Général Koenig, 51092 Reims cedex, France*

Received 6 January 2006; received in revised form 12 April 2006; accepted 1 May 2006
Available online 16 May 2006

Abstract

Pathological changes associated with the development of brain tumor were investigated by Fourier transform infrared microspectroscopy (FT-IRM) with high spatial resolution. Using multivariate statistical analysis and imaging, all normal brain structures were discriminated from tumor and surrounding tumor tissues. These structural changes were mainly related to qualitative and quantitative changes in lipids (tumors contain little fat) and were correlated to the degree of myelination, an important factor in several neurodegenerative disorders. Lipid concentration and composition may thus be used as spectroscopic markers to discriminate between healthy and tumor tissues. Additionally, we have identified one peculiar structure all around the tumor. This structure could be attributed to infiltrative events, such as peritumoral oedema observed during tumor development. Our results highlight the ability of FT-IRM to identify the molecular origin that gave rise to the specific changes between healthy and diseased states. Comparison between pseudo-FT-IRM maps and histological examinations (Luxol fast blue, Luxol fast blue-cresyl violet staining) showed the complementarities of both techniques for early detection of tissue abnormalities.
© 2006 Elsevier B.V. All rights reserved.

Keywords: Brain tumor; Glioma; Peritumoral infiltration; FT-IR microspectroscopy; Multivariate statistical analysis; Early diagnosis

Contents

1. Introduction 893
2. Materials and methods 893
   2.1. Animal model 893
   2.2. Glioma cell lines 893
   2.3. Intracerebral inoculation 893
   2.4. Sample preparation 893
   2.5. Staining of myelinated fibers with Luxol Fast Blue 893
   2.6. Counterstaining with cresyl violet 893
   2.7. FT-IRM spectra 893
   2.8. Data pre-treatment 893
   2.9. Data treatment 894
3. Results 894
4. Discussion 896
Acknowledgements 898
References 898

Abbreviations: FT-IRM, Fourier transform infrared microspectroscopy; H&E, Hematoxylin and eosin; LFB, Luxol fast blue; LFB-CV, LFB counterstained with resyl violet; ZnSe, Zinc Selenide; MCT, Mercury–cadmium–telluride; SNV, Standard normal variate; PCA, Principal component analysis; KM, K-means
* Corresponding author. Tel.: +33 3 2691 8376; fax: +33 3 2691 3550.
E-mail address: abdelilah.beljebbar@univ-reims.fr (A. Beljebbar).

0005-2736/$ - see front matter © 2006 Elsevier B.V. All rights reserved.
doi:10.1016/j.bbamem.2006.05.003

1. Introduction

Malignant cerebral tumors account for 1 to 2% of all cancers, and among those, 30% are gliomas [1]. Gliomas are tumors which infiltrate the cerebral parenchyma gradually, increasing intracranial pressure and causing neuronal loss. In spite of a growing therapeutic arsenal, treatment of glioblastomas remains difficult, and median patient survival has not changed over the last 20 years. In addition to surgery and radiotherapy, chemotherapy protocols are often set up, allowing, in certain cases, an increase in the lifespan of patients [2]. This result, although modest, justifies the continuation of the investigations aiming at the development of new powerful techniques to better understand the molecular pathogenesis of glioma. As such, better knowledge of the dynamics of tumor invasion and neovascularisation appears to be crucial for the development of new therapeutic approaches.

Fourier transform infrared microspectroscopy (FT-IRM) is a technique sensitive to molecular composition and molecular conformational changes associated to tumor development not easily detectable by morphological methods. Previous studies have demonstrated the potential of this technique in discriminating diseased from healthy tissue [3,4], apoptotic and necrotic tissues [5,6], sensitive and multi-resistant cells [7], and the effect of anti-cancer chemotherapy [8,9].

In this study, FT-IRM was used to investigate the molecular changes associated with the development of brain glioma. Multivariate statistical analysis and imaging was applied to discriminate normal brain structures from tumor and surrounding tumor tissues. The experimental C6 Rat glioma model was chosen because of its similar morphology to glioblastoma multiform and its rapid proliferation rate. Data obtained with FT-IRM, were correlated with histopathological examinations to understand the molecular changes associated with tissue alteration.

2. Materials and methods

2.1. Animal model

Male Wistar rats, weighing between 260 and 300 g, (Elevage Dépré, France) were individually housed in a controlled environment (20±2 °C; 65±15% relative humidity) and maintained under a 12:12 h light:dark cycle. They had access to food (U.A.R., France) and tap water ad libitum. They were randomly allocated to one of two study groups: Control and C6 tumor. All animal procedures adhered to the "Principles of laboratory animal care" (NIH publication #85-23, revised 1985) and the European Community guidelines for the use of experimental animals.

2.2. Glioma cell lines

The C6 glioma cell line was initially produced by means of weekly injections of N-methylnitrosourea [10]. C6 cells were maintained in NUT.MIX.F-12 (HAM) minimum essential medium containing 10% fetal calf serum (GibcoBRL, France). They were grown to confluence in a humidified atmosphere of 5% CO_2 at 37 °C. Exponential growth cultures were harvested with a solution of 0.05% trypsin and 0.02% EDTA, and resuspended in NUT.MIX.F-12 (HAM) medium. Cells were washed three times in NUT.MIX.F-12 (HAM) medium and viable cells counted by a trypan blue dye exclusion method. Finally, cells were suspended in NUT.MIX.F-12 (HAM) minimum essential medium to a final concentration of 5.10^6 cells per 10 μl for intracerebral inoculation.

2.3. Intracerebral inoculation

Rats were anesthetised by i.p. injection of 10 mg/kg xylazine (Bayer, Germany) and 100 mg/kg ketamine (Parke-Davis, France). Their head was mounted into a stereotactic head holder (Stoelting model 51600, Phymep, France) in a flat-skull position, the scalp cleaned with 70% ethanol, and the skull exposed by a midline incision. A small burr hole was drilled into the right side at a location defined by the following stereotactic coordinates: 1 mm anterior to the bregma; 3 mm lateral from the midline. Ten microliters of the tumor cell suspension were then injected with a syringe over 2 min at a depth of 4 mm from the skull surface, coordinates corresponding to the caudate putamen (CP).

2.4. Sample preparation

Twenty days after tumor cell injection, control and tumor bearing rats were sacrificed and their brains removed. Macroscopic sections (2 mm) wide were immediately performed and frozen in methyl-butane cooled with liquid nitrogen. For each section, 8 μm thick samples were sectioned with a cryostat and placed on Zinc Selenide (ZnSe) transparent infrared windows. Three adjacent tissue sections were routinely stained with hematoxylin and eosin (H&E), Luxol fast blue (LFB), and LFB counterstained with cresyl violet (LFB-CV) for microscopic examination. The histopathological H&E staining was used to determine the zone of interest for FT-IRM measurement.

2.5. Staining of myelinated fibers with Luxol Fast Blue

Briefly, slide-mounted 8 μm cryosections were fixed in formaldehyde for 1 h, rinsed in distilled water, and transferred through 95% ethanol to a 0.1% solution of LFB (MBS, Sigma, France) in 95% ethanol and 0.05% acetic acid. After staining overnight at 58 °C, sections were washed with distilled water, and subsequently with PBS, differentiated in 0.05% aqueous lithium carbonate followed by 70% ethanol, and washed in distilled water before standard mounting, dehydrating, and cover slipping.

2.6. Counterstaining with cresyl violet

Slide-mounted sections were rinsed with distilled water and incubated for 10 min in a solution of cresyl violet (Sigma, France) in acetate buffer, dehydrated through a graded series of ethanol, and coverslipped. A color video camera (DC300, Canon, France) attached to a microscope (DMRB, Leica, Germany) captured histological sections as digital images that were further enhanced on a computer using IM50 (version 1.20, France).

2.7. FT-IRM spectra

FT-IRM spectra were recorded on a Spectrum Spotlight 300 infrared imaging spectrometer (Perkin-Elmer instrument, UK) coupled to an IR microscope with a liquid nitrogen cooled 16×1 Mercury–Cadmium–Telluride (MCT) array detector. The array detection mode allows the generation of molecular specific images over a total area of 1.64 cm^2. Pixel resolution used in this study was 25 μm, thus allowing images to be collected more rapidly than the serial collection point detector. The array detector provides a useful spectral range of 720 to 4000 cm^{-1}. The microscope was equipped with a movable, software controlled, x,y stage directly linked to the spectrometer's interferometer and synchronised to move every time the interferometer changed direction up to five times per second. The stage position was highly reproducible (CV: 0.001%) and much easier to control than the moving mirror position in a step scan spectrometer. Spectra were recorded with a final resolution of 4 cm^{-1}, with two accumulations for each point. Data acquisition was carried out by means of the Spotlight software package (V. 1.1.0, PerkinElmer, Paris).

2.8. Data pre-treatment

To allow meaningful comparisons, all FT-IRM data were uniformly pretreated. After atmospheric correction, all spectra (in the regions 900–1800 cm^{-1}) were converted to their first derivative using a seven point

Savitzky–Golay algorithm to minimise the influence of background artifacts. The resulting spectra were then scaled using a Standard Normal Variate (SNV) procedure [11]. In this transformation, every spectrum is mean centered (so that the average of the spectral intensities in all wavenumber channels is zero) and scaled to have a standard deviation of one.

2.9. Data treatment

After appropriate pre-treatment, a multivariate statistical analysis was performed to extract the desired clinically relevant data from FT-IRM spectra. Data from healthy and cancer brain tissues were placed in a similar matrix and processed by Principal Component Analysis (PCA) and K-Means (KM) clustering analysis to build maps with similar color scales. The aim of this data processing was to find common and discriminating structures between healthy and tumor tissues by comparing their infrared maps.

PCA was performed on the data to remove redundancies at different locations in the spectra by finding the independent sources of variation in all spectra, and to reduce the number of variables describing the data set. Maps based on principal component scores were then used to find the independent sources associated with healthy and cancer brain tissues. K-means clustering was performed on these principal component scores instead of on raw data to handle the large amount of data obtained during FT-IRM mapping experiments. KM clustering is a non-hierarchical clustering method, which gives a "hard" (crisp) class membership for each spectrum, (i.e., the class membership of an individual spectrum can only take the values 0 or 1) [12–14]. In the present study, we used a setting of 100 for the maximal number of iterations and up to 10 for the number of clusters.

Pseudo-color maps based on cluster analysis were then created by assigning a color to each spectral cluster. Each spectrum of a mapping experiment had a unique spatial x,y position in the map, and false-color images could be generated by specifically plotting colored pixels as a function of their spatial coordinates. Spectra of different clusters ideally exhibit different spectral signatures. The cluster components were calculated by averaging the clusters and used for the interpretation of the chemical or biochemical differences between clusters [15].

The processing analysis on FT-IRM data was performed with Matlab (Version 5.3, MathWorks, Inc., Matick, USA).

3. Results

Multivariate statistical analysis was performed on a data set containing all FT-IRM measurements obtained from healthy and tumor brain tissues. Seven clusters describing both healthy and cancer features, and one cluster corresponding to ZnSe, were extracted and the pseudo FT-IRM maps were constructed with the same color scale.

Fig. 1C displays an infrared map obtained from healthy brain tissue. In this pseudo-color map, 5 clusters were sufficient for describing all normal brain features. FT-IRM images allow clear identification of the anatomical structures of the rat brain. Gray matter (e.g., cortical cortex), which naturally has a much higher content of water and proteins, was encoded by four colors (yellow, red, brown and cyan). Grey cluster in the image seems to correlate with white matter tissue, the corpus callosum (CC), and commissura anterior (CA). Cyan-colored areas are typical for one structure of cortex and around the caudate putamen (CP) which are heavily myelinated and consist largely of lipids. However, other colors, associated with cortex, seem to correspond to the differing lipid content.

An infrared spectrum of brain tissue is a fingerprint that reflects its composition. To illustrate this molecular specificity for brain features, Fig. 2 shows class average of the normal tissue class. These spectra are dominated by two absorbance bands at 1656 and 1546 cm^{-1} known as the amide I and II, respectively. Amide I arises from C=O hydrogen bonded stretching vibrations and amide II from C–N stretching and CNH bending vibrations. The weaker amino acid side chain from peptides and proteins at 1452 cm^{-1} was associated with the asymmetric and symmetric CH$_3$ bending vibrations. The band at 1740 cm^{-1} arises from the stretching mode of C=O groups of lipids. The strongest bands, at 1236 cm^{-1} and 1084 cm^{-1} are due to the asymmetric and symmetric phosphate stretching mode PO$_2^-$, respectively. The relatively weak band at 1172 cm^{-1}, in the healthy tissue is due to stretching mode of C–O groups of proteins [7]. The bands located at 1466 cm^{-1} and 1382 cm^{-1} are due to CH$_2$ and CH$_3$ banding of cholesterol and/or phospholipids [16] strongly representing in component 8 which is characteristic of CC. Moreover, all normal brain structures were characterised by a variation in the peak position and intensities of all these previous bands. In fact, lipids content decreased around CC and disappeared in the cortex.

Comparison between pseudo-color maps and the histopathology images (Fig. 1A) shows that the FT-IRM image provides more information on the cortex and around CP than standard histopathology. In fact, four layers were identified from the cortex, whereas, H&E staining did not allowed to discriminate between the layers in the cortex. LFB staining was then used to visualise myelin distribution into brain tissues and to map particular sections within the cortex. In stained preparations, myelin is intensely blue, so that white matter is well differentiated from gray matter (Fig. 3A). In fact, large fiber tracts like CC, CA and some bundles in CP can be easily recognised. In Fig. 3A, LFB staining shows a gradation color density between brain structures. CC and CA present an important lipid content due to high myelin level in these structures involved in communication within and between hemispheres. However, even with higher magnification it was very difficult to distinguish between all cortex layers because this staining is mainly restricted to fibers. Thus, the individual cell type cannot be recognised within the tissue. This LFB staining was then combined with cresyl violet coloration to stain not only rough endoplasmic reticulum (Nissl substance) but chromatin and nucleoli as well. This coloration was used in our study to visualise all the different cell types present in the cortex (Fig. 3B). With this coloration six different layers were then identified in the cortex instead of four layers in the FT-IRM map. On the other hand, when multivariate statistical analysis was applied only on FT-IRM data measured from normal brain tissue we were able to distinguish between five cortex layers. This pseudo-color map was correlated with that obtained with LFB-CV staining (Fig. 3B). The outermost molecular layer (I) containing non-specific fibers, corresponds to the yellow cluster. The external granular layer (II) is a rather dense layer composed of small cells. The external pyramidal layer (III) contains pyramidal cells, frequently in row formation. The internal granular layer (IV) is usually a thin layer with cells similar to those in the external granular layer. These layers II, III and IV were not clearly discriminated and seem to correspond to the red and blue clusters. The ganglionic layer (V) contains, in most areas,

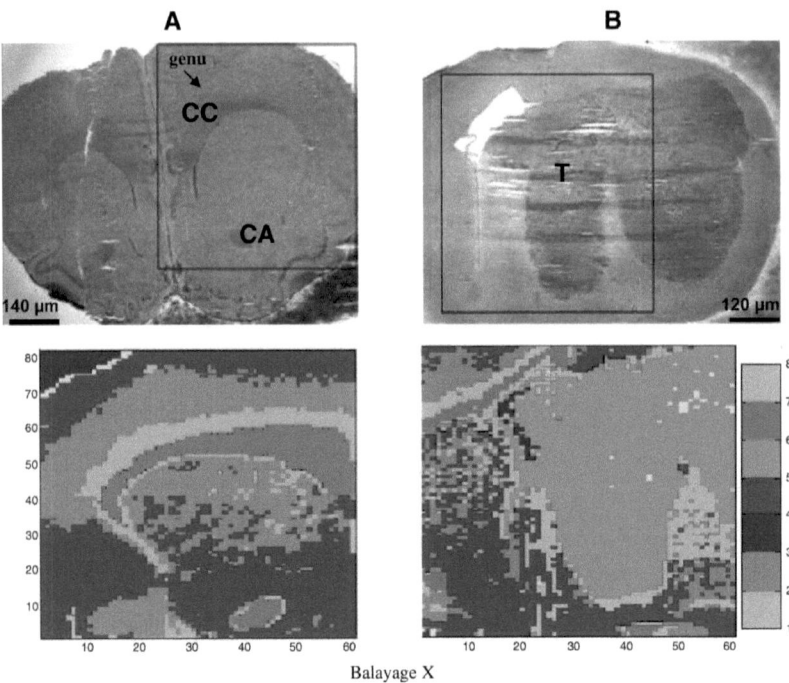

Fig. 1. Photomicrography of HE stained healthy brain tissue (A) and glioma tissue (B) sections. In figure (A), particular structures can be recognised such as CC that appears as a "V" shape with the genu (apex) pointing medially, and CA. In figure B, the more intensely stained area, marked "T" represents tumor zone. The pseudo-color FTIR maps (C) and (D) were obtained from the measured areas marked with a black frame on the adjacent unstained healthy (A) and glioma (B) tissues, respectively. The size of the measured area was 5.5×7.6 mm^2 for both tissues. 60×80 spectra (expressed in pixels) were recorded on these areas of interest. Pseudo-color FTIR maps were constructed on 8-means clusters. Each cluster (consisting of similar spectra) was assigned to one brain feature. Blue: denotes areas in the scan where no tissue was present; yellow, red, brown and cyan: Cortex areas; grey: CC and CA areas; green: tumor tissue area; pink: infiltrative zone.

pyramidal cells that were fewer in number but larger in size than those in the external pyramidal layer (brown). The fusiform layer (VI) consists of irregular fusiform cells whose axons enter the adjacent white matter known as the CC (cyan) [17].

Since tissue composition is altered by tumor invasion, infrared spectra of malignant glioma differ from that of normal tissue. We have investigated the molecular changes associated with malignant rat brain tumor. Fig. 1D displays an infrared map obtained from tumor brain tissue and constructed on 7/8 clusters. This pseudo-color map shows some common structures with normal tissue such as CC, and three layers associated with cortex (cyan, red and brown). Other structures were restricted to tumor tissue (component 6 and 8). The component 8 was located around the tumor and could be attributed to the oedema. Indeed, brain tumors contain tumor vessels that may have different structural properties favouring the formation of oedema within and around the tumor. Ide et al. found a correlation between peritumoral brain oedema and cortical destruction by the tumor [18]. Fig. 1D shows also the recoil of CC by tumor development. The difference spectrum between normal and tumor structures were prominent by lipid features meaning that the contribution of fat in the tumor tissue decreased. Our data showed molecular changes between healthy and tumor tissue (Fig. 2A). In fact, the relatively weak band at 1172 cm^{-1}, in the healthy tissue, due to stretching mode of C–O groups of proteins, decreased and shifted to 1190 cm^{-1} in the tumor and surrounding tumor spectra. The weaker amino acid side chain from peptides and proteins at 1452 and 1392 cm^{-1} are associated with the asymmetric and symmetric CH$_3$ bending vibrations. In the malignant brain, i) the lipid/proteins ratio (1466/1452 cm^{-1}) decreased, ii) the band at 1740 cm^{-1} become weak and even disappeared when compared to the corresponding bands in healthy. The variations of the spectral characteristics of the FT-IRM spectra between the normal and malignant tissues provided a basis for clinical application.

The study of the frequency region 1000–1350 cm^{-1} revealed significant differences in the infrared spectra between healthy and tumor tissues. The bands at 1070 cm^{-1} and 1084 cm^{-1} are

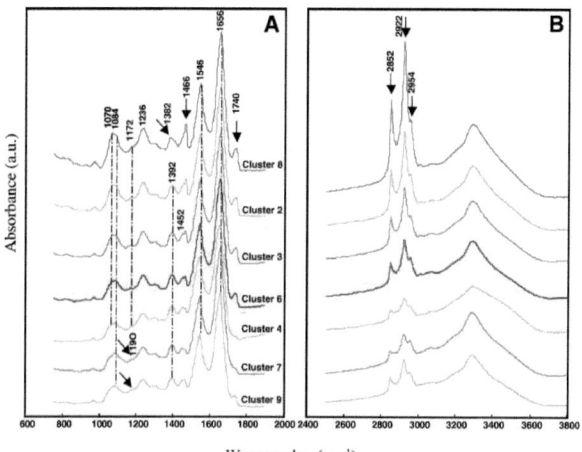

Fig. 2. Representative cluster-averaged IR spectra collected from healthy brain and glioma tissue sections in the spectral region (A) 750 cm^{-1} to 1900 cm^{-1}, and (B) 2500 cm^{-1} to 3800 cm^{-1}. Spectra are shown with the same color scale than in pseudo color maps C and D.

due to the C–C stretching and symmetric phosphate stretching mode PO_2^-, respectively. In all case, when compared with healthy tissues, the malignant tissues displayed a decreased intensity of the asymmetric PO_2^- (1236 cm^{-1}) band and of the C–C stretching (1070 cm^{-1}) band, an increased intensity of the symmetric PO_2^- (1084 cm^{-1}) band, and changes in the shape of these bands (become large).

The lipids spectra contain a large proportion of methyl, methylene and carbonyl bands in the region 2600–3700 cm^{-1}. Fig. 2B displays the infrared spectra of healthy and malignant glioma tissues in this region. The bands at 2852 cm^{-1} and 2922 cm^{-1} were due to the symmetric CH_2 stretching mode of the membrane lipid. The band at 2954 cm^{-1} is due to asymmetric CH_3 stretching mode of the methyl group. The asymmetric CH_3 stretching of lipids and proteins contribute to the intensity of the band at 2954 cm^{-1}. The bands were assigned to CH_2, CH_3 stretching vibrations of cholesterol and phospholipids. In the malignant tissues, the intensity of the CH_2 band and CH_3 bands decreased compared to the corresponding bands in healthy tissue.

LFB and LFB-CV staining were used to visualise myelin distribution into tumor brain tissues (data not shown). Some normal features such as CC, CA, and CP were recognised but these colorations failed to reveal the tumoral and peritumoral part of the tissue.

4. Discussion

The objective of this study was to determine tissue modifications between tumoral and healthy brain tissue and to better identify the nature of the surrounding tumor tissue by FT-IRM. FT-IRM images presented here allow clear identification of anatomical structures of the healthy rat brain (CC, CA, and cortex), changes associated to tumor and the surrounding tumor. Our results demonstrate the potential of this technique in successfully discriminating between healthy, tumoral, and surrounding tumor tissues.

In fact, the grey structure in the image seems to correlate with white matter tissue (e.g., which is more myelinated and consist largely of lipids, i.e., fats). The other colors seem to correspond to the differing contents of fat in brain tissue. The gray matter of the brain (e.g., Cortex, CP), which naturally has a much higher content of water and proteins, was described with 3 components with different lipid content. This fat distribution in brain tissue was correlated to the degree of myelination.

As the image contrast is based on the vibrational signature of the tissue components, FT-IRM imaging does not require the use of dyes, tags or stains. On the other hand, histopathological diagnosis depends on visualisation of the sample morphology by staining technique. In spectral diagnosis, objective intrinsic structural and morphological information, on measured area, were simultaneously collected. By correlating FT-IRM spectral maps with histopathology (H&E, LFB, and LFB-CV) of the adjacent tissue sections, we highlighted the potential of FT-IRM to identify the morphologic origin that gave rise to the specific spectral features found in this study. In fact, with standard staining (H&E), we were not able to discriminate between the different cortex layers. On the other hand, FT-IRM pseudo-color maps were clearly similar to LFB-CV staining for visualising myelin distribution in healthy brain tissues (white and gray matters). Yet, this staining technique failed to visualise the tumor and peritumoral part of the tissue.

This spectroscopic study pointed out different cortex layers which are not easily detectable by morphological methods alone. The cortex consists of a thin layer of gray substance which covers the two hemispheres and whose thickness varies

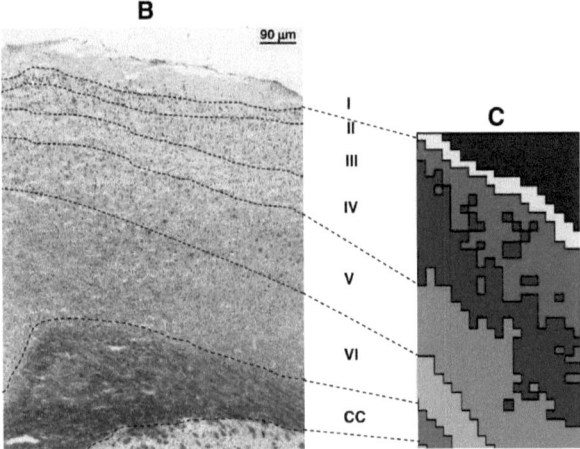

Fig. 3. Photomicrography of a brain tissue section at low (A) and high (B) magnification, respectively. (A) is stained with LFB; in this image CC, CA and CP appears more lightly stained. (B), a small area of (A) marked with a red frame, stained with LFB-CV, pointing out the cortical layers of the rat cortex. Pseudo-color FTIR map (C) based on K-means cluster analysis applied only on FTIR data measured from normal brain tissue. The complementarity between structural (C) and morphological (B) information is represented by a dotted line. Yellow: Layer I of the cortex. Red and blue: Layers II, III and IV; brown: Layer V, cyan: Layer VI and grey: corpus callosum.

between 2 and 4 mm. According to the cortical histological organisation, one distinguishes 6 layers numbered from I to VI from top to bottom [19]. In the spectral image, the cortex is separated in four different regions. One of the most pronounced difference separating those regions is the composition in myelin. Indeed, layer VI, adjacent to the CC clearly identified in the spectral map (cyan) is principally composed on elongated neuronal myelinated fibers that lie parallel to the CC neurons. This layer appeared particularly rich in myelin sheath. A second region (brown) is correlated with the layer V or pyramidal layer. This internal layer primarily contains pyramidal neurons whose apical dendrites are projected either in the molecular layer (layer I) or in the internal granular layer (layer IV). A third region corresponds to the layer II, III and IV in which myelinated fibers are less prominent. Finally the last region (yellow), corresponding to the molecular external layer (layer I) consisting of glial cells and nervous fibers with ways parallel to the cortical surface.

During tumor development, tissue composition and concentration of lipids decreased. This loss of lipids, correlated with demyelination, observed in different disorders, could be used as a spectroscopic marker. These results are in agreement with those obtained in brain pathologies [20], whereas, observations in other tumor types revealed an increase of lipids in tumor tissue [21]. Kraft et al. have investigated the lipid content of the white matter of human brain tissue using near infrared Raman spectroscopy [22]. They reported that the brain lipids can be divided into three principal classes: neutral lipids, phospholipids and sphingolipids. Increased levels of cholesterol esters (particularly cholesterol oleate and cholesterol linoleate) in glioma tissue have been reported before [23–25]. In these studies and in ours, necrotic and vital tumor regions were not separately investigated, and therefore, no specific information regarding the biochemical composition of these distinct tumor regions was obtained. Previous studies on brain tumors using proton magnetic resonance spectroscopy [26–28,] also provided evidence of mobile lipid resonances (resonances arising from fatty acyl chains of lipids), possibly caused by cell proliferation arrest and necrosis. These findings were confirmed by other magnetic resonance spectroscopy studies in which the morphologic and biochemical features were compared [29–31].

We were also interested to surrounding tumor tissue. Indeed, in our FT-IRM data, we have detected one different structure (component 9) around the tumor. This structure could be attributed to the peritumoral oedema observed during glioma development. In fact, brain tumors contain new vessels that may have different structural properties favouring the formation of oedema within and around the tumor [18]. This oedema associated with brain tumor is due to an increase in the permeability of the blood–brain barrier and aggravate the mass effect of tumors. The diagnosis of peritumoral brain oedema is assisted by the use of imaging techniques such as computed tomography, magnetic resonance imaging, and spectroscopy. As tumors enlarge, they produce angiogenic factors that promote the emergence of new capillaries to supply the growing tumors. Newly formed capillaries are fenestrated and present less tight junctions, leading to the development of a peritumoral oedema. Moreover, C6 glioma cells in culture demonstrated secretion of diffusible factor that increase capillary permeability [32]. On the other hand, the surrounding tumor tissue is associated to the infiltrative zone. Indeed, glioblastoma typically grow through the surrounding brain parenchyma, intermingling with normal and reactive cells. Ide et al. found a correlation between peritumoral brain oedema and brain parenchyma destruction by the tumor [18]. In fact, this alteration corresponds to the myelin degradation in order to allow the infiltration of tumor cells. Myelin is responsible for the inhibition of cellular migration, and thus, the invasive process requires degradation of different myelin components [33]. Invasion is partially due to proteases that penetrate the surrounding tissue, induce vascular remodelling and destroy extracellular matrix [34].

This study demonstrates the potential of FT-IRM in successfully discriminating between normal brain structures, tumoral, and surrounding tumoral tissues. The structural changes were mainly related to qualitative and quantitative changes of lipids and will be used as spectroscopic markers for this pathology. In our FT-IRM data, the structure detected around the tumor could be attributed to the peritumoral oedema observed during glioma development. FT-IRM, with high spatially resolved morphological and biochemical information could be used as a diagnostic tool, complementary to histopathology to understand the molecular changes associated with tissue alteration. Future work will allow the quantification of biochemical changes (lipid and proteins) between healthy and tumor tissues by fitting the measured spectra with linear combination of the spectra of major pure components.

Acknowledgements

N. Amharref acknowledges financial support from the Conseil Régional Champagne-Ardenne. The authors are thankful to Ligue Marne, France, for financial support. The authors would also like to thank Pr. M. Kaltenbach for providing assistance in the preparation of the manuscript.

References

[1] P. Kleihues, L.H. Sobin, World Health Organization classification of tumors, Cancer 88 (2000) 2887.
[2] L.A. Stewart, Chemotherapy in adult high-grade glioma: a systematic review and meta-analysis of individual patient data from 12 randomised trials, Lancet 359 (2002) 1011–1018.
[3] M. Jackson, H.H. Mantsch, Biomedical Applications of Spectroscopy, Wiley, New York, 1996.
[4] P. Lasch, D. Naumann, FT-IR microspectroscopic imaging of human carcinoma thin sections based on pattern recognition techniques, Cell. Mol. Biol. 44 (1998) 189–202.
[5] A.T. Belien, P.A. Paganetti, M.E. Schwab, Membrane-type 1 matrix metalloprotease (MT1-MMP) enables invasive migration of glioma cells in central nervous system white matter, J. Cell. Biol. 144 (1999) 373–384.
[6] F. Gasparri, M. Muzio, Monitoring of apoptosis of HL60 cells by Fourier-transform infrared spectroscopy, Biochem. J. 369 (2003) 239–248.
[7] N. Gault, J.L. Lefaix, Infrared microspectroscopic characteristics of radiation-induced apoptosis in human lymphocytes, Radiat. Res. 160 (2003) 238–250.
[8] A. Gaigneaux, J.M. Ruysschaert, E. Goormaghtigh, Infrared spectroscopy as a tool for discrimination between sensitive and multiresistant K562 cells, Eur. J. Biochem. 269 (2002) 1968–1973.
[9] J. Ramesh, M. Huleihel, J. Mordehai, A. Moser, V. Erukhimovich, C. Levi, J. Kapelushnik, S. Mordechai, Preliminary results of evaluation of progress in chemotherapy for childhood leukemia patients employing Fourier-transform infrared microspectroscopy and cluster analysis, J. Lab. Clin. Med. 141 (2003) 385–394.
[10] P. Benda, J. Lightbody, G. Sato, L. Levine, W. Sweet, Differentiated rat glial cell strain in tissue culture, Science 161 (1968) 370–371.
[11] R.J. Barnes, M.S. Dhanoa, S.J. Lister, Standard normal variate transformation and detrending of near-infrared diffuse reflectance spectra, Appl. Spectrosc. 43 (1989) 772–777.
[12] J.B. McQueen, Some methods of classification and analysis of multivariate observations, in: L.M. LeCam, J. Neymann (Eds.), Proceedings of Fifth Berkeley Symposium on Mathematical Statistics and Probability, University of California, Berkeley, 1967, pp. 281–297.
[13] D.L. Massart, L. Kaufmann, The Interpretation of Analytical Chemical Data by the Use of Cluster Analysis, Wiley, New York, 1983.
[14] R.K. Dukor, M.N. Liebman, B.L. Johnson, A new, non-destructive method for analysis of clinical samples with FT-IR microspectroscopy. Breast cancer tissue as an example, Cell. Mol. Biol. 44 (1998) 211–217.
[15] F.S. Parker, Application of Infrared Spectroscopy in Biochemistry, Biology and Medicine, Plenum, New York, 1971.
[16] T. Yamada, N. Miyoshi, T. Ogawa, K. Akao, M. Fukuda, T. Ogasawara, Y. Kitagawa, K. Sano, Observation of molecular changes of a necrotic tissue from a murine carcinoma by Fourier-transform infrared microspectroscopy, Clin. Cancer Res. 8 (2002) 2010–2014.
[17] J. deGroot, Correlative Neuroanatomy, Appleton and Lange, Norwalk, 1991.
[18] M. Ide, M. Jimbo, O. Kubo, M. Yamamoto, H. Imanaga, Peritumoral brain edema associated with meningioma-histological study of the tumor margin and surrounding brain, Neurol. Med.-Chir. 32 (1992) 65–71.
[19] R.D. Burwell, Borders and cytoarchitecture of the perirhinal and postrhinal cortices in the rat, J. Comp. Neurol. 437 (2001) 17–41.
[20] J. Kneipp, P. Lasch, E. Baldauf, M. Beekes, D. Naumann, Detection of pathological molecular alterations in scrapie-infected hamster brain by Fourier transform infrared spectroscopy, Biochim. Biophys. Acta 1501 (2000) 189–199.

[21] L. Chiriboga, P. Xie, H. Yee, D. Zarou, D. Zakim, M. Diem, Infrared spectroscopy of human tissue. IV. Detection of dysplastic and neoplastic changes of human cervical tissue via infrared microscopy, Cell. Mol. Biol. 44 (1998) 219–229.

[22] C. Krafft, L. Neudert, T. Simat, R. Salzer, Near infrared Raman spectra of human brain lipids, Spectrochim. Acta, A: Mol. Biomol. Spectrosc. 61 (2005) 1529–1535.

[23] R. Campanella, Membrane lipids modifications in human gliomas of different degree of malignancy, J. Neurosurg. Sci. 36 (1992) 11–25.

[24] K. Gopel, E. Grassi, P. Paoletti, M. Usardi, Lipid composition of human intracranial tumors: a biochemical study, Acta. Neurochir. 11 (1963) 333.

[25] C. Nygren, H. von Holst, J-E. Månsson, P. Fredman, Increased levels of cholesterol esters in glioma tissue and surrounding areas of human brain, Br. J. Neurosurg. 11 (1997) 216–220.

[26] I. Barbal, M.E. Cabañas, C. Arús, The relationship between nuclear magnetic resonance-visible lipids, lipid droplets, and cell proliferation in cultured C6 cells, Cancer. Res. 59 (1999) 1861–1868.

[27] W.G. Negendank, R. Sauter, T.R. Brown, J.L. Evelhoch, A. Falini, E.D. Gotsis, A. Heerschap, K. Kamada, B.C. Lee, M.M. Mengeot, E. Moser, K.A. Padavic-Shaller, J.A. Sanders, T.A. Spraggins, A.E. Stillman, B. Terwey, T.J. Vogl, K. Wicklow, R.A. Zimmerman, Proton magnetic resonance spectroscopy in patients with glial tumors: a multicenter study, J. Neurosurg. 84 (1996) 449–458.

[28] C. Rémy, N. Fouilhé, I. Barba, E. Sam-Laï, H. Lahrech, M.-G. Cucurella, M. Izquierdo, A. Moreno, A. Ziegler, R. Massarelli, M. Décorps, C. Arús, Evidence that mobile lipids detected in rat brain glioma by 1H nuclear magnetic resonance correspond to lipid droplets, Cancer Res. 57 (1997) 404–414.

[29] A.C. Kuesel, K.M. Briere, W. Halliday, G.R. Sutherland, S.M. Donnelly, I.C. Smith, Mobile lipid accumulation in necrotic tissue of high grade astrocytomas, Anticancer Res. 16 (1996) 1845–1849.

[30] A.C. Kuesel, S.M. Donnelly, W. Halliday, G.R. Sutherland, I.C. Smith, Mobile lipids and metabolic heterogeneity of brain tumors as detectable by ex vivo 1H MR spectroscopy, NMR Biomed. 7 (1994) 172–180.

[31] A.C. Kuesel, G.R. Sutherland, W. Halliday, I.C. Smith, 1H MRS of high grade astrocytomas: Mobile lipid accumulation in necrotic tissue, NMR Biomed. 7 (1994) 149–155.

[32] T. Ohnishi, P.B. Sher, J.B. Posner, W.R. Shapiro, Increased capillary permeability in rat brain induced by factors secreted by cultured C6 glioma cells: role in peritumoral brain edema, J. Neuro-oncol. 10 (1991) 13–25.

[33] A.A. Spillmann, V.R. Amberger, M.E. Schwab, High molecular weight protein of human central nervous system myelin inhibits neurite outgrowth: an effect which can be neutralized by the monoclonal antibody IN-1, Eur. J. Neurosci. 9 (1997) 549–555.

[34] B. Garbay, A.M. Heape, F. Sargueil, C. Cassagne, Myelin synthesis in the peripheral nervous system, Prog. neurobiol. 61 (2000) 267–304.

Partie II : Etude Raman

PARTIE II: Discrimination entre tissus sain, tumoral et nécrotique sur un modèle de gliome induit chez le rat par imagerie spectrale Raman

Ainsi ces premiers travaux nous ont permis de déterminer par MIR-TF les modifications entre tissu cérébral sain et tumoral et de mieux identifier la nature du tissu tumoral environnant. Ainsi, l'utilisation de l'imagerie spectrale et d'une analyse statistique multivariée rend possible la discrimination entre les structures cérébrales saines, notamment les couches de Brodmann au niveau cortical, ainsi que les zones tumorale et péri-tumorales peu différentiées avec les techniques de marquage classiques. Les changements structuraux observés sont principalement liés aux changements quantitatifs et qualitatifs de lipides et qu'au degré de myélinisation. Ainsi, la concentration et la composition en lipides pourraient être utilisées comme *marqueurs spectroscopiques* afin de discriminer les tissus sains et tumoraux. De plus, une *structure particulière* a été identifiée autour de la tumeur, cette structure peut être attribuée à des *phénomènes infiltrants* ainsi qu'à l'*œdème* observé durant le développement tumoral. Ces résultats soulignent la capacité de la MIR-TF dans l'identification de l'origine moléculaire qui sous-tend les changements spécifiques entre les états sains et pathologiques. La comparaison des cartographies obtenues par MIR-TF et des examens histologiques met en évidence la complémentarité de ces techniques dans la détection précoce de désordres biologiques. Ainsi, la MIR-TF combinée à une stratégie d'analyse multivariée, a démontré un potentiel considérable en tant qu'outil permettant d'obtenir « l'empreinte métabolique » pour le diagnostic et la détection rapide d'une pathologie ou d'un dysfonctionnement.

Dans cette deuxième partie, nous nous sommes attachés à l'étude du tissu cérébral et tumoral par microspectroscopie Raman. En effet, la spectroscopie Raman présente un avantage intrinsèque sur la spectroscopie IR pour l'étude des échantillons biologiques, du fait de la faible absorption de l'eau en microspectroscopie Raman. En effet, l'eau possède un spectre d'absorption très fort dans l'IR et par conséquent les systèmes aqueux sont plus difficilement étudiables par spectroscopie IR. Au contraire, l'eau n'interférant que très faiblement en spectroscopie Raman, les échantillons biologiques comme des cellules vivantes en culture ou des tissus dans des conditions *in vivo*, peuvent être étudiés de manière préférentielle en spectroscopie Raman (Krafft et al., 2004).

Ainsi, cette particularité, est en accord avec une utilisation de la spectroscopie Raman comme technique diagnostique pouvant être utilisée *in vivo* chez le patient. Ainsi, ces travaux préliminaires devraient nous permettre d'établir, *ex vivo* et avec précision, les marqueurs spectroscopiques de chaque structures cérébrales saines et tumorales, marqueurs qui pourront être utilisés, par la suite, *in vivo*.

Le développement de la microspectroscopie in vivo devrait permettre à terme son utilisation en clinique afin de mieux discriminer, en peropératoire, les structures tumorales des structures saines.

Discriminating healthy from tumor and necrosis tissue in rat brain tissue samples by Raman spectral imaging

Nadia Amharref [a], Abdelilah Beljebbar [a,⁎], Sylvain Dukic [a], Lydie Venteo [b], Laurence Schneider [b], Michel Pluot [b], Michel Manfait [a]

[a] Unité MéDIAN, CNRS-UMR 6142, UFR de Pharmacie, IFR 53, Université de Reims Champagne-Ardenne, 51 rue Cognacq-Jay, 51096 Reims Cedex, France
[b] Laboratoire Central d'Anatomie et de Cytologie Pathologiques, CHU Robert Debré, Avenue du Général Koenig, 51092 Reims Cedex, France

Received 21 December 2006; received in revised form 15 June 2007; accepted 15 June 2007
Available online 20 July 2007

Abstract

The purpose of this study was to investigate molecular changes associated with glioma tissues by Raman microspectroscopy in order to develop its use in clinical practice. Spectroscopic markers obtained from C6 glioma tissues were compared to conventional histological and histochemical techniques. Cholesterol and phospholipid contents were highest in corpus callosum and decreased gradually towards the cortex surface as well as in the tumor. Two different necrotic areas have been identified: a fully necrotic zone characterized by the presence of plasma proteins and a peri-necrotic area with a high lipid content. This result was confirmed by Nile Red staining. Additionally, one structure was detected in the periphery of the tumor. Invisible with histopathological hematoxylin and eosin staining, it was revealed by immunohistochemical Ki-67 and MT1-MMP staining used to visualize the proliferative and invasive activities of glioma, respectively. Hierarchical cluster analysis on the only cluster averaged spectra showed a clear distinction between normal, tumoral, necrotic and edematous tissues. Raman microspectroscopy can discriminate between healthy and tumoral brain tissue and yield spectroscopic markers associated with the proliferative and invasive properties of glioblastoma. Development of in vivo Raman spectroscopy could thus accurately define tumor margins, identify tumor remnants, and help in the development of novel therapies for glioblastoma.
© 2007 Elsevier B.V. All rights reserved.

Keywords: Raman imaging; Glioma; Invasion; Necrosis; Brain structure; Edema

1. Introduction

In spite of clinical and technological advances in the understanding and treatment of glioma, the survival of patients has not notably improved. Indeed, malignant glioma produces profound and progressive disability leading to death in most cases. Moreover, these tumors remain mostly refractory to standard therapies (such as surgery, radiotherapy and conventional chemotherapy), and new therapeutic approaches are clearly needed [1].

Surgery remains the most commonly used therapeutic approach. However, complete resection of the tumor is only carried out in less than 20% of patients, highlighting the difficulty in clearly defining tumoral limits during surgery due to its invasive nature [2–5]. In order to improve drug treatments and to facilitate their clinical evaluation, it thus appears capital to find new markers defining tumoral margins through biology or medical imaging. As such, the development of a methodology enabling grading and prognosis of glioma would be of clinical benefit.

Raman spectroscopy is a vibrational spectroscopic technique with a high molecular specificity that can be used in medical diagnostics [6]. This technique has been successfully applied in the diagnosis of cancers such as those of the skin, breast, oesophagus, colorectum, and urogenital tract [7]. Raman spectra, resulting from inelastic scattering of light by the molecules present in a sample, provide information about the molecular composition, molecular structures, and molecular interactions in a tissue. They also reflect changes in the molecular composition and structures associated with disease. The success of Raman spectroscopy as a biomedical tool lies in its potential for in vivo applications and its ability to guide real-time therapeutic interventions.

⁎ Corresponding author. Tel.: +33 3 2691 8376; fax: +33 3 2691 3550.
E-mail address: abdelilah.beljebbar@univ-reims.fr (A. Beljebbar).

0005-2736/$ - see front matter © 2007 Elsevier B.V. All rights reserved.
doi:10.1016/j.bbamem.2007.06.032

Mizuno et al. analyzed Raman spectra from different anatomical and functional structures of rat brain, and were the first to publish spectra of different brain tumors [8,9]. Recently, several Raman studies have been published that constitute a basis for subsequent studies to develop classification models for diagnosis of human brain tumor [10,11]. Moreover, Krafft et al. suggested the use Raman spectroscopy as a diagnostic tool to distinguish normal from tumoral tissue, and to determine the tumor type and grade [12]. Therefore, the purpose of our study was to use Raman spectroscopic in aging to discriminate between healthy and tumoral tissue and to identify spectroscopic markers associated with tumor progression and invasion, as well as tumor growth and necrosis. This study will help in the future development of in vivo Raman spectroscopy to accurately define tumor margins, to identify tumor remnants and to develop novel therapies for glioblastoma.

2. Materials and methods

2.1. Animal procedures

All animal procedures adhered to the "Principles of laboratory animal care" (NIH publication #85-23, revised 1985). Male Wistar rats weighing 409±85 g (mean±SD) were purchased from Harland (Paris, France). All animals were kept individually in standard animal facilities (20±2 °C; 65±15% relative humidity) and maintained under a 12:12 h light/dark cycle. They were given free access to food (Harlan Tecklad, France) and water throughout the study.

The C6 glioma tumor line used in this study and the cell inoculation procedure have been described elsewhere [13]. Briefly, rats were anesthetized with isoflurane and placed into a stereotactic head holder (Phymep, France). A small burr hole was drilled into the right side of the skull (anterior 1 mm; lateral 3 mm; lateral depth 4 mm, according to the bregma). Then, a tumor cell suspension (5.10^6 cells in 10 μl DMEM/NUT.MIX.F-12) was injected with a syringe over 2 min. After tumor cell implantation, the hole was closed with bone wax, and rats allowed to recover from anaesthesia.

2.2. Sample handling and preparation

Twenty days after tumor cell injection, control and tumor-bearing rats were sacrificed. After brain excision, tissue samples were snap-frozen by immersion in methyl-butane cooled down in liquid nitrogen and stored at −80 °C. For Raman spectroscopic studies, 15-μm-thick brain sections were made with a cryotome and placed onto calcium fluoride slides (CaF_2). After Raman measurements, all tissues were hematoxylin and eosin (H&E) stained to provide direct comparison of the Raman mapping results to histopathology.

2.3. Ki-67 immunostaining

Tissues were fixed in 10% buffered formalin, routinely processed, and embedded in paraffin. Immunohistochemical studies were performed on 3- to 6-μm-thick sections. Sections were deparaffinized and subjected to heat-induced epitope retrieval by steaming for 10 min. Slides were then incubated at 4°C overnight with an antibody recognizing the nuclear antigen Ki-67 (Rabbit Monoclonal, 1:200; Labvision Corporation, UK). Antibodies were detected using universal immunoperoxidase polymer for rat tissue sections anti-mouse and anti-rabbit primary antibodies (N-Histofine Simple Stain Rat MAX PO, Nichirei Corporation, Japan). Amygdale tissue was used as a positive control. Healthy brain tissue served as the negative control. Sections were counterstained with hematoxylin.

2.4. MT1-MMP Immunostaining

Tumor sections (3–4 μm thick) were cut from formalin-fixed, paraffin embedded brain tissue. They were hydrated through graded alcohols and incubated in H_2O_2 (3% 10 min). They were then subjected to heat-induced epitope retrieval in citrate buffer (pH 6) by steaming for 10 min (Dako, Glostrup, Denmark). Sections were treated with the primary mouse anti-human-MT1-MMP monoclonal antibody, whose expression correlates with tumor invasion, (113-5B7, 1:100, Fuji Chemical Industries, Japan) for 24 h in the cold. They were then treated for 30 min at room temperature with universal immunoperoxidase polymer for rat tissue sections anti-mouse and anti-rabbit primary antibodies (N-Histofine Simple Stain Rat MAX PO, Nichirei Corporation, Japan). Healthy brain tissue served as the negative control. Sections were counterstained with hematoxylin.

2.5. Nile red staining

Stock solutions of Nile red (500 μg/ml) were prepared by dissolving Nile blue A chloride (Cl 51180; Sigma-Aldrich, Saint Quentin Fallavier, France) in acetone and stored chilled and protected from light. Fresh solutions of Nile red were made by adding 2–10 μl of the stock solution to 1 ml of 75% glycerol followed by brisk vortexing. The glycerol-dye solution was then briefly degassed by vacuum.

To stain frozen sections (6–10 μm thick), a drop of the glycerol staining solution was added to each section and the preparation covered with a glass coverslip. After 1 h, sections were examined by fluorescence microscopy at two spectral settings: yellow-gold fluorescence and red fluorescence. As such, neutral lipids were seen as yellow-gold fluorescent structures; whereas the red fluorescent structures, which are yellow-gold fluorescence negative, were mainly composed of phospholipids, other amphipathic lipids, and strongly hydrophobic proteins of cell membranes.

2.6. Reference Raman spectra

Raman reference spectra were obtained from specific lipids dissolved in chloroform and placed onto a CaF_2 slide. The following chemicals were purchased from Sigma-Aldrich (Saint Quentin Fallavier, France) and used without further purification: Cholesterol (99%), phosphatidylcholine (1,2-diacyl-sn-glycero-3-phosphocholine, 99% from egg yolk), phosphatidylethanolamine (1,2-dihexadecanoyl-sn-glycero-3phosphoethanolamine, 99%), sphingomyelin (N-acyl-D-sphingosine-1-phosphocholine, 99%, from bovine brain), galactocerebroside (ceramide β-D-galactoside, 99%, from bovine brain).

2.7. Raman spectroscopy

Raman spectra of tissue sections were recorded with a near infrared confocal Raman microspectrometer (Labram, Horiba Jobin Yvon S.A.S., France). The setup consisted of a microscope (Olympus, HB40, France) coupled to the Labram spectrometer. The microscope was equipped with a xy-motorized (Marzhauser, Germany), computer-controlled sample stage, which enabled automatic scanning of the sample with a resolution of 1 μm. The excitation source (785 nm) was provided by a titanium-sapphire laser (Model 3900S, Spectra-Physics, France) pumped with an Argon ion laser. The laser power on the sample was around 160 mW. This laser light was focused on the sample with a 100× optimized objective (Olympus, France). This objective collected light that was scattered by the sample, which was then analyzed by the spectrometer equipped with a Peltier-cooled charge-coupled device detector. The Raman signal was collected using 5 s of signal collection time per Raman pixel in the 600- to 1800-cm^{-1} spectral region with a spectral resolution of 4 cm^{-1}. For our measurements, the objective was set on autofocus. This system allowed focusing the laser light on each point of the tissue section. Unstained cryosections were placed on the microscope. A screen image recorder camera attached to the microscope enabled the acquisition of the white light multi-image of the area under investigation. Raman maps were recorded by defining a scanning xy-step size of 50 μm controlled by the LabSpec software (Horiba Jobin Yvon S.A.S. France). The 100× objective collected light on a 3- to 4-μm spot. The xy-step size was chosen based on previous studies (unpublished results) that showed that higher resolution Raman maps with a 15-μm xy-step size did not bring any additional information than those measured with a 50-μm step size.

2.8. Spectroscopic data analysis

Raman data were analyzed with custom software developed in MatLab (MathWorks, Inc., Natick, USA). After acquisition, spectra were first calibrated using Raman calibration standards [14]. The spectrum of the halogen lamp was used to correct for the wavelength-dependent signal detection efficiency of the Raman setup. Spectral pre-treatment also involved subtraction of the interfering background Raman signal originating from the optical elements in the laser light delivery pathway, the CaF$_2$ slide, and the interfering glue biopolymer used during freezing.

Raman maps were constructed from the spectral data using multivariate statistical techniques. Data were first scaled using a Standard Normal Variate (SNV) transformation [15]. As such, every spectrum was mean centered (so that the average of the spectral intensities in all wavenumber channels was set to zero) and scaled to have a standard deviation of one. Principal component analysis (PCA) was used to identify the independent sources of variation in all spectra and to reduce the number of variables describing the data set. An unsupervised classification method (k-means cluster analysis) was then used to find groups of spectra that shared similar spectral characteristics. Thirty PCA scores, accounting for 99.9% of the captured variance, served as input for the unsupervised classification methods. The cluster-membership information was then plotted as a pseudo-color map by assigning a color to each different cluster. Pseudo-color Raman maps were then compared with histopathology results using HE-stained tissue sections. Positive difference spectra between clusters describing normal and tumor tissue structures were computed to determine the inter-cluster variance. These cluster average spectra were then used as input for hierarchical cluster analysis using Ward's clustering algorithm and the square Euclidian distance measure. This method was used to identify the discriminant characteristics between normal and tumor brain tissues.

3. Results

Raman Maps were obtained from unstained frozen sections of normal and glioma tumor tissues. Pseudo-color maps were constructed after multivariate statistical analysis (PCA, clustering analysis) and compared to histopathology results in order to correlate each pseudo-color with its anatomical counterpart. The aim of this method was to identify common and specific structures in normal and tumor brain tissues, and to spatially visualize these structures in the pseudo-color maps. Twelve clusters describing both healthy and cancer features were extracted, and pseudo Raman maps were constructed with the same color scale (white color representing areas where no tissue was present). In some samples, Raman maps and microscopic images of the H&E stained section were found to correlate well. In other samples, information complementary to histopathology was obtained from cluster analysis leading to a better identification of the molecular changes associated with brain tissue alteration.

3.1. Healthy brain tissue

An example of the results of a Raman mapping experiment on normal brain tissue is shown in Fig. 1E. In this pseudo-color map, seven or twelve clusters were sufficient to describe all brain features. Comparison of this pseudo-color map with the microscopic image of the stained tissue section (Fig. 1A) enabled identification of the anatomical structures of the rat brain. As such, the area associated to the spatial distribution of cluster 9 correlates with white matter tissue from the corpus callosum (CC). Tissue surrounding CC was encoded by cluster 12. Other clusters (1, 3, 8, and 10) described the cortex (Gray matter). Clusters 2 and 7 described blood and could be associated to the vascularisation. Cluster averaged Raman spectra are shown in the same figure (Fig. 1). All extracted models exhibited bands of proteins and lipids as the main constituents of brain tissue. The band at 718 cm^{-1} can be assigned to phospholipids such as phosphati-

dylethanolamine (Fig. 2f) and/or phosphatidylcholine (Fig. 2h). The band at 1002 cm^{-1} was assigned to the aromatic amino-acid phenylalanine. Bands at 1062, 1128, and 1296 cm^{-1} correspond to aliphatic side chains, the band near 926 cm^{-1} to the C\C bond of the peptidic backbone, and bands at 1266 and 1658 cm^{-1} to the amide III and amide I vibrations of the peptidic backbone, respectively. All major protein bands at 1266, 1296, 1436 and 1658 cm^{-1} strongly overlap with lipid bands. All spectra corresponding to normal brain structures were characterized by a specific variability in those peak positions and intensities.

Positive difference spectra between clusters describing normal structures were computed to determine the changes between clusters averaged spectra (Fig. 2). These spectra give a good estimation of molecular species present in a relatively high amount in one spectrum as compared to the other. The difference spectrum between cluster 9 associated to CC and cluster 12 corresponding to adjacent tissue is presented in Fig. 2a. This spectrum shows bands at 700 cm^{-1}, 1062 cm^{-1} (C\O stretching and C\O\C symmetric stretching), 1128 cm^{-1} (C\C stretching), 1266 cm^{-1} (in plane CH$_2$ deformation), 1296 cm^{-1} (CH$_2$ and wagging), 1436 cm^{-1} (CH$_2$ bending), and 1670 cm^{-1} (C_C stretching). This difference spectrum contains a combination of bands that are characteristic of cholesterol (Fig. 2e) and phospholipids, especially phosphatidylethanolamine and galactocerebroside (Fig. 2f and g, respectively).

Comparison between pseudo-color map and the histopathology image (Fig. 1E and A) shows that the Raman image provides more information than standard histopathology staining in the cortex. As such, four layers were identified from the cortex, whereas H&E staining did not allow to discriminate these layers. Difference spectra between these cortex layers (Fig. 2b, c, and d) obtained by subtracting models spectra of successive layers (clusters 12-10, 10-1, and 1-3 respectively) were calculated. Comparison of these difference spectra showed that the band located at 700 cm^{-1}, characteristic of cholesterol, decreased from spectrum b to spectrum d (Fig. 2) suggesting that cholesterol content decreased gradually from CC to cortex, and even disappeared in the upper cortex layers. On the other hand, phospholipids bands, more pronounced in trace b, tended to decrease in traces c and d.

3.2. Brain tumor tissue

Molecular changes associated with malignant rat brain tumor were investigated. Fig. 1F to H show Raman maps of glioma brain tissues. These pseudo-color maps share some common structures with normal tissue such as CC (cluster 9), and cortex (clusters 1, 3, 10, and 12). Since the molecular composition of tissue is altered by tumor invasion, other clusters were assigned to tumor tissue (clusters 4, 5, 6, 8, and 11). All clusters associated with tumor (see Fig. 1) showed a decrease in the intensity of the lipids bands at 700, 1062, 1128, and 1296 cm^{-1} corresponding to cholesterol and phospholipids. In contrast, other bands were more pronounced in the tumor model such as bands at 782 and 826 cm^{-1} attributed to DNA and/or RNA. As shown in Fig. 1, comparison of pseudo-color maps (F, G, and H) with their respective histopathological images (B, C, and D) revealed that clusters 5 and 6 (blue and red

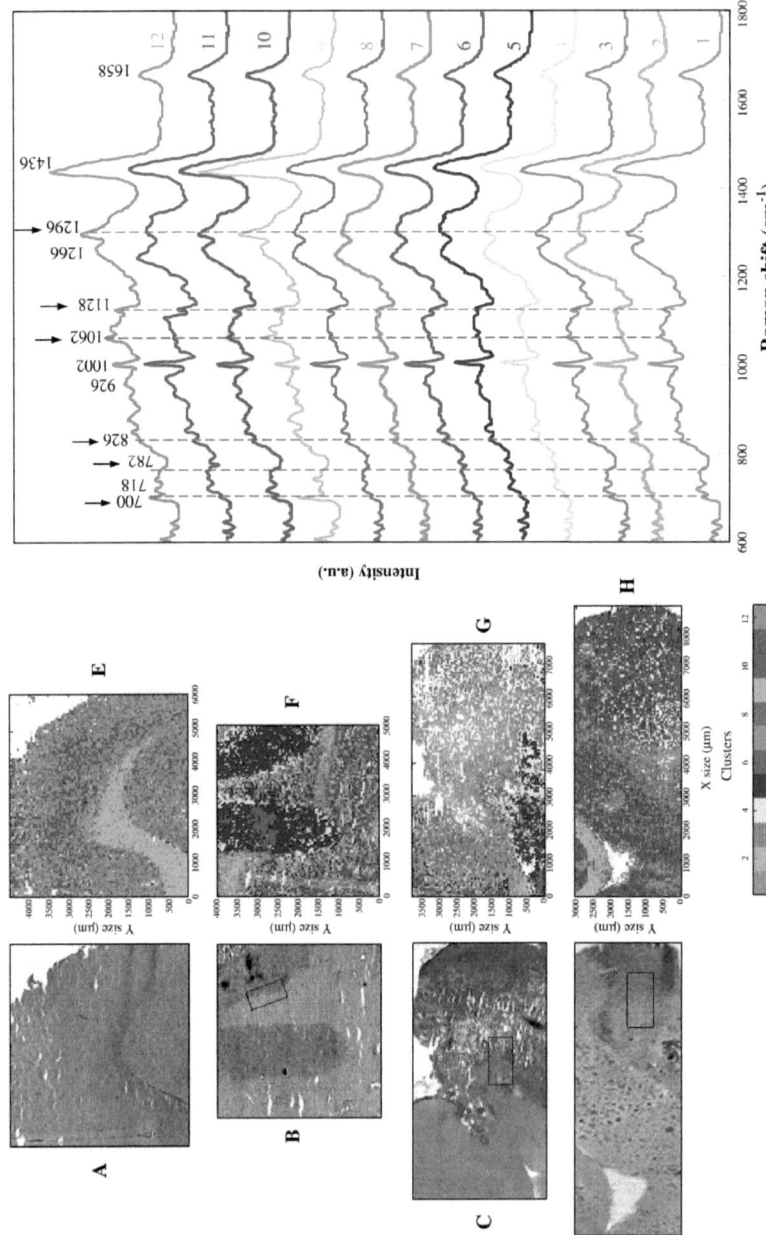

Fig. 1. Photomicrographs (H&E staining) of healthy (A) and glioma (B–D) brain tissue sections. Pseudocolor Raman maps E–H are based on 12-means cluster analysis on sections A–D, respectively. A spectra, representative cluster-averaged Raman spectra collected from healthy and glioma brain tissue sections. Spectra are shown with the same color than in the pseudocolor maps E–H.

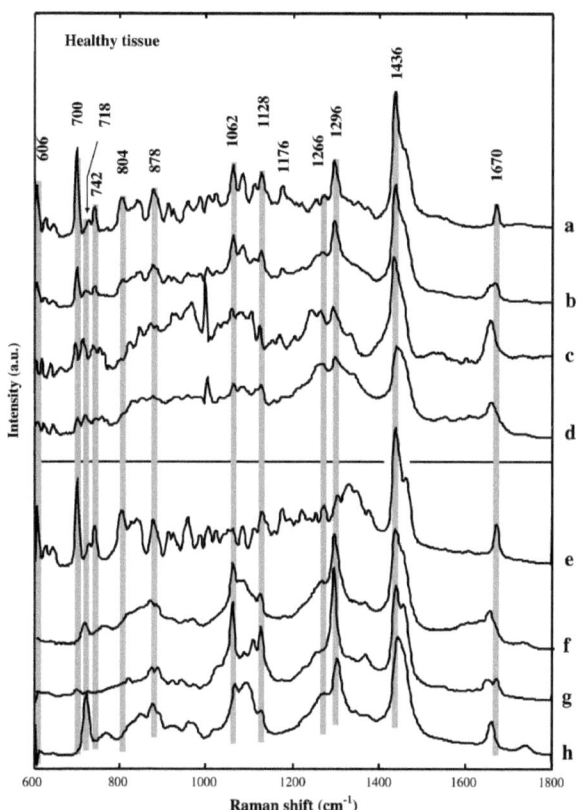

Fig. 2. Positive difference between cluster averaged spectra associated to healthy tissue. (a) Cluster 9 minus cluster 12; (b) Cluster 12 minus cluster 10; (c) Cluster 10 minus cluster 1; (d) Cluster 1 minus cluster 3. Raman spectra of pure compounds. (e) Cholesterol; (f) Phosphatidylethanolamine ; (g) Galactocerebroside; (h) Phosphatidylcholine.

color, respectively) correspond to the tumor area, whereas cluster 4 (yellow color) encodes the surrounding tumor. Moreover, a particular region described by cluster 11 (Fig. 1H) was identified.

To find molecular species that are only present in normal but not in tumor tissue and vice versa, two positive difference spectra between normal and tumor models were calculated. Fig. 3a displays the difference spectrum between cluster 1 (describing a cortex layer) and cluster 5 (associated to tumor). This spectrum showed a high lipid content, in particular cholesterol (band at 700 cm^{-1}) and phosphatidylcholine and/or phosphatidylethanolamine (bands at 718, 1128, 1296, and 1734 cm^{-1}). Other changes involve the presence of bands at 782, 826, and 1104 cm^{-1} attributed to DNA conformation. On the other hand, analysis of the difference spectrum between cluster 5 and cluster 1 (Fig. 3b), similar to that of blood (Fig. 3f), showed a major protein content. To identify the molecular changes between tumor (cluster 5) and its surrounding area, a difference spectrum (cluster 4 minus cluster 5)

was calculated. The resulting spectrum (Fig. 3c) was comparable to that of blood (Fig. 3f). To determine the particular structure described by cluster 11, a difference spectrum between cluster 11 and tumor (cluster 5) was calculated (see Fig. 3d). This difference spectrum, as it possesses bands similar to those of plasma (Fig. 3e), shows that cluster 11 could be assigned to edema, a result in agreement with the anatomopathologist's opinion. Incidentally, the H & E examination of the section showed interstitial spaces characteristic of extracellular fluid volume enlargement (Fig. 4D).

To better understand the specific spectral changes associated with healthy and diseased states of tissue, comparisons between pseudo-color Raman maps and immunostaining were performed. Immunohistochemistry pointed out that the proliferation activity of tumors can be assessed by means of Ki-67 staining, a technique commonly used in clinical pathology and neuropathology diagnostics. Fig. 4A shows Ki-67 staining of the area defined by a black frame in Fig. 1B. It reveals an important nuclear

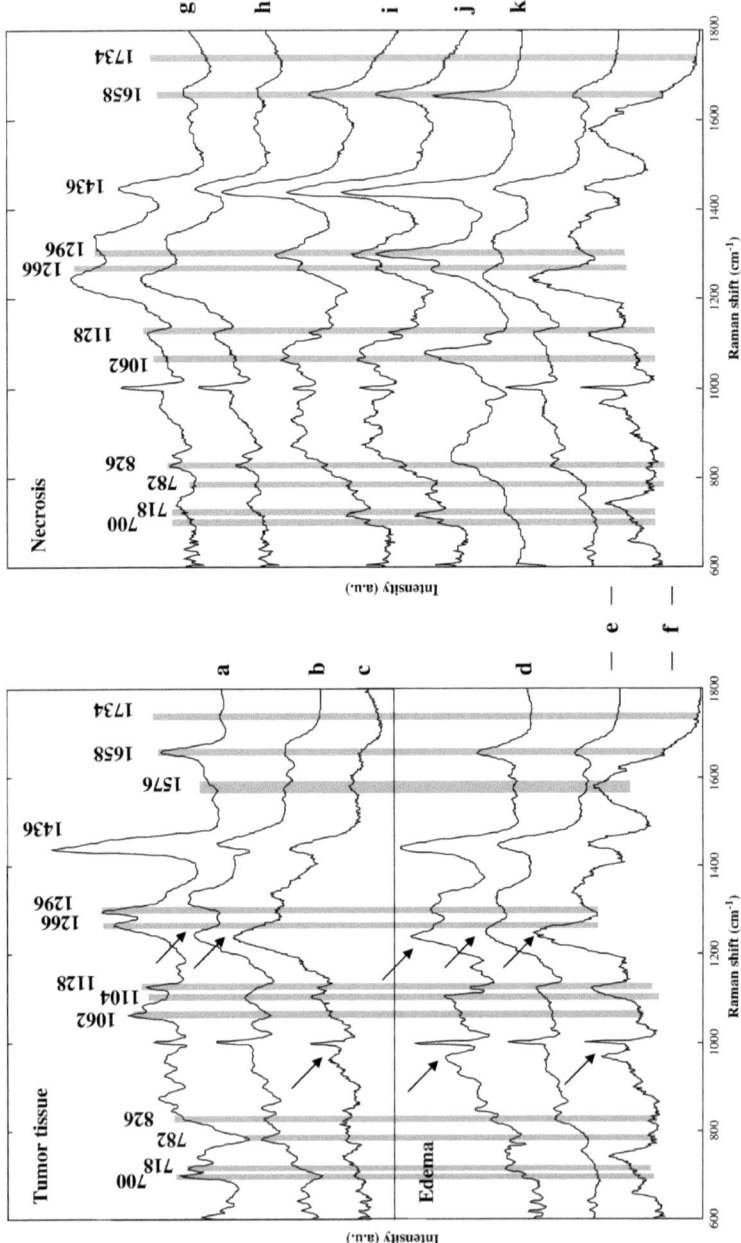

Fig. 3. Positive difference between cluster averaged spectra associated to tumor tissue. (a) Cluster 1 minus cluster 5; (b) cluster 5 minus cluster 1; (c) cluster 4 minus cluster 5; (d) cluster 11 minus cluster 5; Raman spectra of (e) plasma and (f) blood. (g) Cluster 2 minus cluster 7; (h) cluster 7 minus cluster 2; (i) cluster 8 minus cluster 2; (j) cluster 8 minus cluster 7. (k) Raman spectrum of Oleic acid.

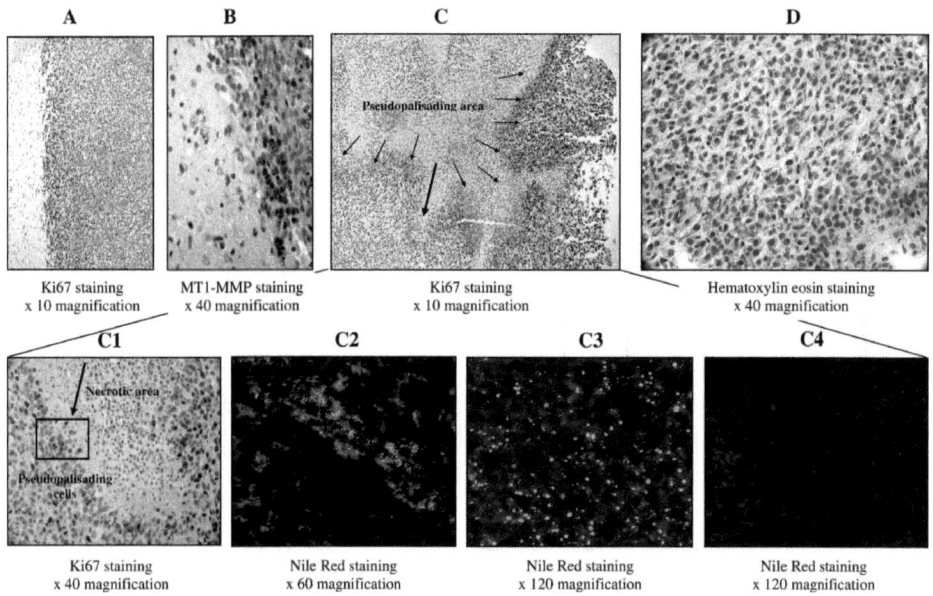

Fig. 4. Immunohistochemical staining (A) and (B) obtained on area marked with a black frame in Fig. 1B. (A) is a Ki–67 immunostaining demonstrating an increased staining in the area surrounding the tumor, (B) is a MT1-MMP immunostaining showing an increased expression of this metalloproteinase in tumor borders. Immunohistochemical staining (C) and (D) obtained on area marked with a black frame in Fig. 1C and D, respectively. (C) and (C1) are Ki67 immunostaining pointing out the pseudopalisading area. Fluorescence confocal microscopic images (C2), (C3) of the perinecrotic zone, and (C4) of the central necrotic zone, after Nile red staining. (D) H & E staining of edema zone.

labeling in the tumor border, suggesting a high proliferation activity of the cells from the area surrounding the tumor associated to cluster 4. To correlate this proliferative activity with the tumor invasion, MT1-MMP immunostaining was performed. Fig. 4B shows MT1-MMP staining on the same area, pointing out an over-expression of MT1-MMP by the peripheric tumor cells associated to the aggressive invasiveness of these tumor cells. The correlation between immunohistochemistry staining results and spectroscopic data shows the potential of Raman spectroscopy to identify spectroscopic markers associated with proliferative and invasive properties of glioblastoma. Ki-67 immunostaining of the tumor section (corresponding to the area marked by the black frame in Fig. 1C), as displayed in Fig. 4C, revealed two important areas: (i) a central necrotic area with a total absence of proliferation associated with pycnotic cells, blood components and cellular debris and, (ii) pseudopalisading cells with lower Ki-67 proliferation indices associated with the perinecrotic area (Fig. 4C1). Necrotic area and perinecrotic zones were associated to clusters 2, 7, and 8 (see Fig. 1G).

Difference spectra between cluster 2 and cluster 7 (Fig. 3g) as well as between cluster 7 and cluster 8 (Fig. 3h) were similar to that of plasma (Fig. 3e), suggesting the presence of blood in the center of the necrotic area and in the region associated with proliferative activity. On the other hand, difference spectra between cluster 8 and cluster 2 (Fig. 3i) and between cluster 8 and cluster 7 (Fig. 3j) were similar to that of oleic acid (Fig. 3k) with an additional band at 700 cm^{-1} associated with cholesterol. To identify the nature and the distribution of these lipids in tissue, Nile red staining was used. This technique revealed in the perinecrotic area the presence of phospholipids and neutral lipids (red fluorescence structures and yellow-gold labelling respectively; Fig. 4C2) associated with the presence of lipid droplets with a diameter of about 0.5 to 1 μm (visible in Fig. 4C3 with high magnification). Fig. 4C4, however, illustrates an absence of neutral lipids in the fully necrotic zone and the poor staining of the necrotic and pycnotic cells characterized by an altered cytoplasm and condensed nuclear. Nile red staining results were in agreement with those obtained by Raman spectroscopy showing a more important lipid distribution for cluster 8 than for clusters 2 and 7. In fact, the center of the necrosis (full necrosis) seems to correspond to cluster 2, whereas the peri-necrotic and necrotic zones (pseudopalisading and pycnotic cells, respectively) seem to be encoded by cluster 7 and 8.

To distinguish between normal, tumor, and necrotic brain structures, cluster averaged spectra obtained from pseudo-color maps were input in the hierarchical cluster analysis. The result, as shown on the dendrogram in Fig. 5, showed a clear distinction between all normal and tumor brain structures. Indeed, in the cluster-averaged spectra of normal brain structures, two sub-clusters associated with white matter (clusters 9 and 12

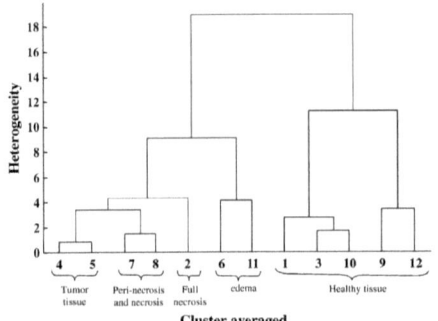

Fig. 5. Dendrogram obtained from hierarchical cluster analysis on spectral cluster averages associated to different tissue types. Heterogeneity represents the discriminating distance given by arbitrary units (au).

corresponding to higher cholesterol content) and grey matter (clusters 1, 3, and 10 with a lower cholesterol content) were discriminated. We were also able to discriminate between glioma (clusters 4, 5), peri-necrosis and necrosis (clusters 7 and 8), full necrosis (cluster 2), and edema (clusters 11 and 6) in the second groups.

4. Discussion

Our results demonstrate the potential of Raman microspectroscopic imaging to successfully discriminate between healthy and tumor tissue, and to characterize the invasive, necrotic, and edematous regions. The C6 rat glioma model was chosen because of its similar morphology to glioblastoma multiform, its rapid proliferative rate, and its reproducibility, criteria often desired for an in vivo experimental brain tumor [16–18]. Raman maps allowed clear identification of the anatomical structures of the healthy rat brain (CC and cortex), and visualization of the changes associated with tumor and necrosis. Healthy cerebral parenchyma was characterized by an important lipid content, whereas tumor tissue was characterized by an important protein content. Pseudo-color maps allowed a clear modeling of all cerebral structures such as CC and cortex. The difference spectrum between CC and adjacent tissue contained a combination of bands characteristic of cholesterol, phosphatidylethanolamine and/or phosphatidylcholine and galactocerebroside, in agreement with the data of Krafft et al. [12]. These lipids are essential components of myelin which contains high molar percentages of cerebroside, cerebroside sulphate, and cholesterol [19–21]. The proportions of cholesterol and galactocerebroside decreased gradually from CC towards the surface of the cortex. This gradient is related to myelin content as found in various cortical layers [22] in a previous study using luxol fast blue staining to visualize myelin distribution in brain tissue and to map particular cortex sections [13].

Tumor development was characterized by a reduction in total lipid content, including cholesterol. This result, in agreement with those obtained in brain diseases [23], is correlated with demyelination. This lowering in lipid content in malignant tissues might be related to the fast growth of tumor cells which need more energy [24]. Indeed, it is known that in developing brain tumors, structural and functional cell changes take place in which lipids play a crucial role. Yet, qualitative and quantitative aspects of lipid changes in brain tumors of different degrees of malignancy are still the subject of numerous studies [25]. Using Infrared microspectroscopy, Krafft et al. have evaluated the usefulness of the lipid-to-protein ratio (2850/1655 cm^{-1}) as a spectroscopic marker to discriminate between normal and tumor tissue, as well as between low- and high-grade glioma tissues. They demonstrated that this ratio is maximal for normal brain tissue and decreases with the progression of the disease [25]. In general, an increase in malignancy is accompanied by a reduction in total lipids that involves all main classes of lipids found in plasma membranes [26]. Changes in lipid and in phospholipids content, as seen in glioblastoma as compared with adjacent tissue, could indicate an evolution in the undergoing pathological process. Increased levels of cholesterol esters (cholesterol oleate and linoleate) have also been reported in glioma tissue [10]. Koljenovic et al. demonstrated that the difference between meningioma and dura is mainly related to lipids, cholesterol linoleate and linoleic acid levels. Steiner et al. studied the discriminating constituents between normal and tumoral tissues (astrocytoma and glioblastoma) by infrared spectroscopy. They demonstrated that changes mainly arise from differences in lipid constituents. The potential use of lipid measurements for judging the stage, and hence the prognosis, of low-grade tumors is suggested by the apparent gradual increase in lipid content over time. This increase, believed to be associated with necrosis, could thus be used in low-grade tumors as an early marker of disease prior to the patient becoming symptomatic [27–29].

Glioblastoma is the most malignant brain tumor as it aggressively proliferates and invades surrounding normal brain tissues. Ki-67 and MT1–MMP staining associated with the proliferative and invasive activities of glioblastoma, respectively, were clearly correlated with cluster 4 that encoded the surrounding area. In fact, previous work showed that MT1–MMP is expressed on the surface of rat C6 glioblastoma cells as its metalloproteolytic activity is required to overcome myelin's inhibitory effect on cell migration [30]. The lack of MT1–MMP expression in normal brain (data not shown) indicates that MT1–MMP expression is abnormally activated in neoplastic glial cells, and thus suggests that overexpression of MT1–MMP might facilitate tumor invasiveness through the activation of MMP-2 [31]. The correlation between immunohistochemistry staining results and spectroscopic data shows the potential of Raman spectroscopy to provide spectroscopic markers associated with the proliferative and invasive properties of glioblastoma. This finding is very important for future developments of in vivo Raman spectroscopy to accurately define tumor margins, to identify tumor remnants in glioma, and to help in the development of novel therapies for glioblastoma [32].

A particular cluster (cluster 11) needs to be highlighted. This cluster, which is located in tumor and in tissue adjacent to the tumor (i.e. Caudate Putamen), displays characteristics of blood spectra, and particularly of plasma. It is now well known that brain tumors alter the permeability of the blood–brain barrier, which leads to extravasation of a protein-rich plasma filtrate into the interstitial space with subsequent accumulation of vascular fluid [33]. Vasogenic edema, the most common type of edema associated with brain tumors, is found in both grey and white matter, and is located in extracellular spaces. Histological study of H&E stained sections revealed an enlargement of the extracellular fluid volume which provides an evidence of brain edema [34]. The latter is one of the most important factors leading to morbidity and mortality associated with brain tumors. By definition, brain edema is characterized by an increase in brain volume resulting from increased water, sodium and serum protein content. In the difference spectrum between edema (cluster 11) and tumor (cluster 5), several bands were associated to plasma proteins and could thus be used as spectroscopic markers to identify the edema. Hydrostatic and osmotic forces encourage the movement of fluid out of the vascular compartment into the parenchyma resulting in a mass effect. Brain compression leads to abnormal diffusion of nutrients which results in acidosis, hypoxia, and inflammatory changes. The edema fluid contains serum proteins and various bioactive substances released by the tumor [35] which can damage the tissue [36]. To our knowledge, this is the first time that an identification of the tumoral and associated tumor edema was carried out by Raman microspectroscopy. In a preceeding article [13], we described a particular structure located around the tumor that was associated with peritumoral edema. Raman imaging thus confirmed these results previously obtained by infrared spectroscopy.

The presence of necrosis is important for grading tumors, and is often linked to a poorer clinical prognosis [37,38]. Therefore, we attempted to identify the necrotic part of the glioma. In this glioblastoma model, two different regions were identified: the center of the necrotic zone and a peri-necrotic necrotic zone. Raman spectra revealed the presence of blood in the center of necrotic zones and a high lipid content in the peri-necrotic zones. As such, necrosis, induced by different stimuli including hypoxia, is accompanied by ion and water efflux and dispersal of organelles, coming from membrane cell rupture [39], and the necrotic core is a result of hypoxia [40]. The most necrotic part of the tumor was characterized by the presence of plasma proteins (due to edema) and of proteins from the cytoplasm of necrotic cells. One pathological feature that distinguishes glioblastoma from lower grade astrocytomas and which can explain the abrupt change in biological behaviour is the presence of pseudopalisading necrosis, a dense collection of neoplastic cells surrounding a central necrotic focus. In fact, the presence of pseudopalisading necrosis and the increased levels of angiogenesis, markers of glioblastoma, are pathophysiologically linked and mechanistically instrumental to disease progression [41–43]. Nile red staining was used to identify the nature and the distribution of lipids in these tissues. Our results demonstrate that cells surrounding necrosis contain lipid droplets (neutral lipids). Non-lipid droplets were also found in the central part of necrosis that could be related to the extent of the necrotic zone. Previous studies using magnetic resonance spectroscopy have reported the presence of lipid droplets in C6 glioma and in human brain tumors [44–47], and their presence has been attributed to the rapid tumoral growth [48]. The central part of necrosis was mainly composed of proteins, and Raman spectra reflected the presence of plasmatic compounds. This result is in agreement with the extravasation of plasma proteins as found in glioma [35].

There are only a few studies using vibrational spectroscopy for the characterization of necrosis [49,28]. Koljenvic et al. have discriminated vital from necrotic glioblastoma tissues by Raman microspectroscopy. They demonstrated that necrotic tissue contains higher levels of cholesterol than vital tumor tissue. Yamada et al. came to the same conclusions by comparing necrotic and vital carcinoma tissues [49]. Our tumor models were characterized by a large necrotic area with complete necrosis in the center. The necrotic zones were very heterogeneous and could be graded as either complete or partial. Neutral lipids were absent from the completely necrotic region (as confirmed by Nile red staining) whereas they were more commonly found in the peri-necrotic zone.

Our study shows the ability of Raman spectroscopy to accurately diagnose normal, tumoral, and necrotic tissue ex-vivo. For ex-vivo measurements, Raman microspectroscopy, in which high NA microscopic lenses are employed, allow measurements with a high spatial resolution and good signal collection efficiency. Recent developments in optic fiber probes now enable signal collection times of about 1 s, a time short enough for medical applications [50,51]. A recent study has demonstrated the potential of Raman spectroscopy for real-time margin assessment during partial mastectomy surgery by providing detailed quantitative chemical information of tissue margins [51]. This modelling approach is based on the assumption that the Raman spectrum measured on breast tissue is a linear combination of the spectra of its individual tissue components. The comparison between tissue composition extracted from normal and tumor through modelling (the fit coefficient) was used to diagnose morphological and structural changes associated with disease.

5. Conclusion

The combination of Raman microspectroscopy with multivariate analysis has a clear potential in providing an objective diagnostic complimentary to that obtained by histopathology, and can lead to a better understanding of the molecular changes associated with tumor. In this study, we successfully discriminated between normal structures, tumoral, peri-tumoral, necrotic, and edematous zones in brain tissue. Structural changes were mainly related to qualitative and quantitative changes in lipid content that can be used as spectroscopic markers for this pathology. Additionally, a particular cluster was found and attributed to edema in agreement with the histopathologist's opinion. By combining spectral results with Ki-67 and MT1-MMP immunohistochemical staining, the proliferative and invasive activities of glioblastoma can be detected in the periphery of the tumor tissue. Two different regions were identified in the necrotic part of the glioma: a center mainly associated to plasma proteins, and a peri-necrotic zone containing a high proportion of lipid droplets.

Acknowledgements

N. Amharref acknowledges financial support from the Conseil Régional de Champagne-Ardenne. The authors are thankful to

Ligue de la Marne, France, for financial support. The authors would like to thank Pr. M.L. Kaltenbach for assistance in the preparation of the manuscript and H. Kaplan for fluorescence confocal microscopic images capture.

References

[1] L.M. DeAngelis, Brain tumors, N. Engl. J. Med. 344 (2001) 1114–1123.
[2] B.K. Rasheed, R.N. Wiltshire, S.H. Bigner, Molecular pathogenesis of malignant gliomas, Curr. Opin. Oncol. 11 (1999) 162–167.
[3] A. Giese, R. Bjerkvig, M.E. Berens, M.J. Westphal, Cost of migration: invasion of malignant gliomas and implications for treatment, Clin. Oncol. 21 (2003) 1624–1636.
[4] F.K. Albert, M. Forsting, K. Sartor, H.P. Adams, S. Kunze, Early postoperative magnetic resonance imaging after resection of malignant glioma: objective evaluation of residual tumor and its influence on regrowth and prognosis, Neurosurgery 34 (1994) 45–61.
[5] A. Kowalczuk, R.L. Macdonald, C. Amidei, G. Dohrmann, R.K. Erickson, J. Hekmatpanah, S. Krauss, S. Krishnasamy, G. Masters, S.F. Millan, A.J. Mundt, P. Sweeney, E.E. Vokes, B.K.A. Weir, R.L. Wollman, L.D. Lunsford, D.G.T. Thomas, K. Takakura, P.H. Gutin, P.M. Black, M.L.J. Apuzzo, Quantitative imaging study of extent of surgical resection and prognosis of malignant astrocytomas, Neurosurgery 41 (1997) 1028–1038.
[6] L.P. Choo-Smith, H.G. Edwards, H.P. Endtz, J.M. Kros, F. Heule, H. Barr, J.S. Robinson, H.A. Bruining, G.J. Puppels, Medical applications of Raman spectroscopy: from proof of principle to clinical implementation, Biopolymers 67 (2002) 1–9.
[7] R. Jyothi Lakshmi, V.B Kartha, C.R. Murali Krishna, J.G. Solomon, G.U llas, P.U ma Devi, Tissue Raman spectroscopy for the study of radiation damage: brain irradiation of mice, P. Radiat. Res. 157 (2002) 175–182.
[8] A. Mizuno, T. Hayashi, K. Tashibu, S. Maraishi, K. Kawauchi, Y. Ozaki, Near-infrared FT-Raman spectra of the rat brain tissues, Neurosci. Lett. 141 (1992) 47–52.
[9] A. Mizuno, H. Kitajima, K. Kawauchi, S. Muraishi, Y.J. Ozaki, Near infrared Fourier transform Raman spectroscopic study of human brain tissues and tumours, Raman Spectrosc. 25 (1994) 25–29.
[10] S. Koljenovic, L.P. Choo-Smith, T.C. Bakker Schut, J.M. Kros, H.J. van den Berge, G.J. Puppels, Discriminating vital tumor from necrotic tissue in human glioblastoma tissue samples by Raman spectroscopy, Lab. Invest. 82 (2002) 1265–1277.
[11] C. Krafft, S.B. Sobottka, G. Schackert, R. Salzer, Near infrared Raman spectroscopic mapping of native brain tissue and intracranial tumors, Analyst 130 (2005) 1070–1077.
[12] C. Krafft, L. Neudert, T. Simat, R. Salzer, Near infrared Raman spectra of human brain lipids, Spectrochim. Acta 61 (2005) 1529–1535 (Part A).
[13] N. Amharref, A. Beljebbar, S. Dukic, L. Venteo, L. Schneider, M. Pluot, R. Vistelle, M. Manfait, Brain tissue characterisation by infrared imaging in a rat glioma model, Biochim. Biophys. Acta 1758 (2006) 892–899.
[14] R. Wolthuis, R. Schut, T.C. Bakker, P.J. Caspers, H.P.J. Buschman, T.J. Romer, H.A. Bruining, G.J. Puppels, Raman spectroscopic methods for in vitro and in vivo tissue characterization, in: W.T. Mason (Ed.), Fluorescent and Luminescent Probes, 2nd ed., Academic Press, London, 1999, pp. 433–455.
[15] R.J. Barnes, M.S. Dhanoa, S.J. Lister, Standard normal variate transformation and detrending of near-infrared diffuse reflectance spectra, Appl. Spectrosc. 43 (1989) 772–777.
[16] J.J. Bernstein, W.J. Goldberg, E.R. Laws, D. Conger, V. Morreale, L.R. Wood, C6 glioma cell invasion and migration of rat brain after neural homografting: ultrastructure, Neurosurgery 26 (1990) 622–628.
[17] P. Menei, M. Boisdron-Celle, A. Croue, G. Guy, JP. Benoit, Effect of stereotactic implantation of biodegradable 5-fluorouracil-loaded microspheres in healthy and C6 glioma-bearing rats, Neurosurgery 39 (1996) 117–124.
[18] S.F. Dukic, M.L. Kaltenbach, T. Heurtaux, G. Hoizey, A. Lallem and, R. Vistelle, Influence of C6 and CNS1 brain tumors on methotrexate pharmacokinetics in plasma and brain tissue, J. Neurooncol. 67 (2004) 131–138.
[19] J.S. O'Brien, E.L. Sampson, Lipid composition of the normal human brain: gray matter, white matter, and myelin, J. Lipid Res. 6 (1965) 537–544.

[20] G. Saher, B. Brugger, C. Lappe-Siefke, W. Mobius, R. Tozawa, M.C. Wehr, F. Wieland, S. Ishibashi, K.A. Nave, High cholesterol level is essential for myelin membrane growth, Nat. Neurosci. 8 (2005) 468–475.
[21] A.G. Tzakos, A. Troganis, V. Theodorou, T. Tselios, C. Svarnas, J. Matsoukas, V. Apostolopoulos, I.P. Gerothanassis, Structure and function of the myelin proteins: current status and perspectives in relation to multiple sclerosis, Curr. Med. Chem. 12 (2005) 1569–1587.
[22] R.D. Burwell, Borders and cytoarchitecture of the perirhinal and postrhinal cortices in the rat, J. Comp. Neurol. 437 (2001) 17–41.
[23] J. Kneipp, P. Lasch, E. Baldauf, M. Beekes, D. Naumann, Detection of pathological molecular alterations in scrapie-infected hamster brain by Fourier transform infrared spectroscopy, Biochim. Biophys. Acta 1501 (2000) 189–199.
[24] J.S. Wang, J.S. Shi, Y.Z. Xu, X.Y. Duan, L. Zhang, S.F. Weng, J.G. Wu, FT-IR spectroscopic analysis of normal and cancerous tissues of esophagus, World J. Gastroenterol. 9 (2003) 1897–1899.
[25] C.Krafft, K. Thummler, S.B. Sobottka, G. Schackert, R. Salzer, Classification of malignant gliomas by infrared spectroscopy and linear discriminant analysis, Biopolymers 82 (2006) 301–305.
[26] R. Campanella, Membrane lipids modifications in human gliomas of different degree of malignancy, J. Neurosurg. Sci. 36 (1992) 11–25.
[27] C. Krafft, S.B. Sobottka, G. Schackert, R. Salzer, Analysis of human brain tissue, brain tumors and tumor cells by infrared spectroscopic mapping, J. Raman Spectrosc. 37 (2006) 367–375.
[28] S. Koljenovic, T.B. Schut, A. Vincent, J.M. Kros, G.J. Puppels, Discriminating vital tumor from necrotic tissue in human glioblastoma tissue samples by Raman spectroscopy, Anal. Chem. 77 (2005) 7958–7965.
[29] G. Steiner, A. Shaw, L.P. Choo-Smith, G. Schackert, W. Steller, H.M. Abuid, R. Salzer, Distinguishing and grading human glioma by infrared spectroscopy, Biopolymers 72 (2003) 464–471.
[30] A.T. Belien, P.A. Paganetti, M.E. Schwab, Membrane-type 1 matrix metalloprotease (MT1–MMP) enables invasive migration of glioma cells in central nervous system white matter, J. Cell Biol. 144 (1999) 373–384.
[31] M. Yamamoto, S. Mohanam, R. Sawaya, G.N. Fuller, M. Seiki, H. Sato, Z.L. Gokaslan, L.A. Liotta, G.L. Nicolson, J.S. Rao, Differential expression of membrane-type matrix metalloproteinase and its correlation with gelatinase A activation in human malignant brain tumors in vivo and in vitro, Cancer Res. 56 (1996) 384–392.
[32] M. Yamamoto, Y. Ueno, S. Hayashi, T. Fukushima, The role of proteolysis in tumor invasiveness in glioblastoma and metastatic brain tumors, Anticancer Res. 22 (2002) 4265–4268.
[33] T. Hurter, Experimental brain tumors and edema in rats. II. Tumor edema, Exp. Pathol. 26 (1984) 41–48.
[34] J. Meixensberger, M. Bendszus, K. Licht, L. Solymosi, K. Roosen, Peritumoural brain oedema: diagnosis and treatment approaches, CNS Drugs 13 (2000) 233–251.
[35] T. Ohnishi, P.B. Sher, J.B. Posner, W.R. Shapiro, Increased capillary permeability in rat brain induced by factors secreted by cultured C6 glioma cells: role in peritumoral brain edema, J. Neurooncol. 10 (1991) 13–25.
[36] Y. Ikeda, D.M. Long, Oxygen free radicals in the genesis of peritumoral brain oedema in experimental malignant brain tumours, Acta Neurochir. Suppl. 51 (1990) 142–144.
[37] E.C. Alvord, Is necrosis helpful in the grading of gliomas? Editorial opinion, J. Neuropathol. Exp. Neurol. 5 (1992) 127–132.
[38] F.G. Barker, R.L. Davis, S.M. Chang, M.D. Prados, Necrosis as a prognostic factor in glioblastoma multiforme, Cancer 77 (1996) 1161–1166.
[39] A.H. Wyllie, E. Duvall, in: J.O.M.G. Gee, P.G. Isaacson, N.A. Wright (Eds.), Textbook of Pathology, Oxford University Press, Oxford, 1992, pp. 141–157.
[40] D.J. Brat, E.G. Van Meir, Vaso-occlusive and prothrombotic mechanisms associated with tumor hypoxia, necrosis, and accelerated growth in glioblastoma, Lab. Invest. 84 (2004) 397–405.
[41] D.J. Brat, A.A. Castellano-Sanchez, S.B. Hunter, M. Pecot, C. Cohen, E.H. Hammond, S.N. Devi, B. Kaur, E.G. Van Meir, Pseudopalisades in glioblastoma are hypoxic, express extracellular matrix proteases, and are formed by an actively migrating cell population, Cancer Res. 64 (2004) 920–927.
[42] Y. Sonoda, T. Ozawa, Y. Hirose, K.D. Aldape, M. McMahon, M.S. Berger, R.O. Pieper, Formation of intracranial tumors by genetically modified human astrocytes defines four pathways critical in the development of human anaplastic astrocytoma, Cancer Res. 61 (2001) 4956–4960.

[43] Y. Rong, D.E. Post, R.O. Pieper, D.L. Durden, E.G. Van Meir, D.J. Brat, PTEN and hypoxia regulate tissue factor expression and plasma coagulation by glioblastoma, Cancer Res. 65 (2005) 1406–1413.

[44] H. Lahrech, S. Zoula, R. Farion, C. Remy, M. Decorps, In vivo measurement of the size of lipid droplets in an intracerebral glioma in the rat, Magn. Reson. Med. 45 (2001) 409–414.

[45] S. Zoula, G. Herigault, A. Ziegler, R. Farion, M. Decorps, C. Remy, Correlation between the occurrence of 1H-MRS lipid signal, necrosis and lipid droplets during C6 rat glioma development, NMR Biomed. 16 (2003) 199–212.

[46] W.G. Negendank, R. Sauter, T.R. Brown, J.L. Evelhoch, A. Falini, E.D. Gotsis, A. Heerschap, K. Kamada, B.C. Lee, M.M. Mengeot, E. Moser, K.A. Padavic-Shaller, J.A. Sanders, T.A. Spraggins, A.E. Stillman, B. Terwey, T.J. Vogl, K. Wicklow, R.A. Zimmerman, Proton magnetic resonance spectroscopy in patients with glial tumors: a multicenter study, J. Neurosurg. 84 (1996) 449–458.

[47] P.E. Sijens, M. Oudkerk, P. van Dijk, P.C. Levendag, C.J. Vecht, 1H MR spectroscopy monitoring of changes in choline peak area and line shape after Gd-contrast administration, Magn. Reson. Imaging 16 (1998) 1273–1280.

[48] M.E. Meyerand, J.M. Pipas, A. Mamourian, Classification of biopsy-confirmed brain tumors using single-voxel MR spectroscopy, AJNR Am. J. Neuroradiol. 20 (1999) 117–123.

[49] T. Yamada, N. Miyoshi, T. Ogawa, K. Akao, M. Fukuda, T. Ogasawara, Y. Kitagawa, K. Sano, Observation of molecular changes of a necrotic tissue from a murine carcinoma by Fourier-transform infrared microspectroscopy, Clin. Cancer Res. 8 (2002) 2010–2014.

[50] T.C. Bakker Schut, M.J.H. Witjes, H.J. Sterenborg, O.C. Speelman, J.L. Roodenburg, E.T. Marple, H.A. Bruining, G.J. Puppels, In vivo detection of dysplastic tissue by Raman spectroscopy, Anal. Chem. 15 (2000) 6010–6018.

[51] A.S. Haka, Z. Volynskaya, J.A. Gardecki, J. Nazemi, J. Lyons, D. Hicks, M. Fitzmaurice, R.R. Dasari, J.P. Crowe, M.S. Feld, In vivo margin assessment during partial mastectomy breast surgery using Raman spectroscopy, Cancer Res. 15 (66) (2006) 3317–3322.

PARTIE III: Effet de la progression tumorale sur l'architecture tissulaire et influence de ces modifications sur la distribution d'un anticancéreux

III 1 Introduction

La présence d'un gliome au sein du cerveau entraîne des modifications non seulement au niveau du tissu lui-même mais également au niveau de sa composition biochimique. En effet, les techniques de microspectroscopies nous ont permis dans les études précédentes de mieux discriminer les structures tumorales ainsi que la zone de transition entre tissu sain et tissu tumoral mais également d'identifier les modifications biochimiques associées à la présence de cette masse au sein du cerveau.

Toutefois il est tout aussi important de connaître les modifications induites par le développement à proprement parler du gliome. En effet, malgré l'arsenal thérapeutique dont peut disposer le thérapeute (chirurgie, radiothérapie, chimiothérapie, immunothérapie et thérapie génique), les résultats du traitement de cette pathologie sont encore décevants. Si le bien fondé de la chimiothérapie dans le traitement des gliomes malins a été démontré en clinique, sa mise en œuvre se heurte aux caractéristiques anatomiques et physiologiques du cerveau et à celles de la tumeur cérébrale à traiter. En effet, le développement d'une tumeur entraîne, en son sein et à sa périphérie des modifications telles que dans la composition de la matrice extracellulaire, modifications pouvant constituer un obstacle à la diffusion du médicament. Aussi il est primordial de pouvoir appréhender dans un premier temps les modifications induites par la progression tumorale sur l'architecture tissulaire. Pour cela, nous avons réalisé une étude par imagerie spectrale infrarouge pour différents stades de développement tumoral.

Dans un deuxième temps nous avons cherché à déterminer de quelle manière ces modifications pouvaient influer sur la distribution tissulaire du médicament. Nous avons ainsi étudié la pharmacocinétique intratumorale d'un agent anticancéreux aux différents stades de développement tumoral que ceux étudiés par imagerie spectrale. En effet, l'amélioration de l'efficacité de la chimiothérapie des tumeurs cérébrales exige une meilleure compréhension de la distribution intratumorale des agents cytotoxiques. Parmi les différentes approches permettant de mesurer les concentrations d'anticancéreux au sein du tissu tumoral, seule la

Partie III : Evolution tumorale

microdialyse permet de quantifier la forme libre et présumée active du médicament. La microdialyse est une technique de choix pour la détermination *in vivo* des concentrations intratissulaire de principe actif chez l'animal et son application en clinique est actuellement en plein essor. Ainsi la corrélation des résultats obtenus par imagerie spectrale avec les données pharmacocinétiques nous permettrons de déterminer, les modifications architecturales induites par le développement tumoral ainsi que leurs influences sur la distribution du médicament.

Dans cette étude, le méthotrexate (MTX) a été choisi comme molécule type, non pas en raison de son efficacité dans le cadre de cette pathologie, mais pour ses propriétés pharmacocinétiques bien connues et la relative facilité avec laquelle ce composé peut être dosé.

Après injection intraveineuse rapide d'une dose de 100 mg/kg, les profils d'évolution du MTX seront déterminés dans le plasma et le liquide extracellulaire (LEC) du tissu tumoral chez des rats porteurs d'un gliome C6, à différents stades de développement.

III.2. Etude de la progression tumorale par MIR-TF *ex vivo*

III.2.1. Protocole expérimental

III.2.1.1. Modèle animal

III.2.1.1.1. Réactif animal

Des rats mâles Wistar de 250 à 350 g (Elevage Dépré, St Doulchard, France) sont stabulés dans un environnement contrôlé (température : $21 \pm 2°C$; humidité relative : $65 \pm 15\%$, cycle naturel d'alternance lumière/obscurité). Une alimentation standardisée (U.A.R. ; Villemoisson sur Orge, France) et de l'eau du robinet sont fournies *ad-libitum*. Une période d'acclimatation de 5 jours est respectée avant le début de l'expérimentation. Sept groupes de trois rats sont constitués, un groupe d'animaux sain qui servira à l'étude du tissu cérébral sain au niveau du site d'implantation des gliomes (J0), les autres groupes correspondant à différents stades de développement tumoral (J7, J9, J12, J15, J19 et J23).

III.2.1.1.2. Modèle de tumeur expérimentale : gliome

III.2.1.1.2.1. Culture des cellules de gliomes C6

Les cellules gliales C6, initialement produites par injection hebdomadaire de N-méthylnitrosourée (Benda et al., 1968) sont cultivées sur plastique dans des boîtes de culture (Falcon, Poly Labo, Strasbourg, France) contenant un milieu minimum DMEM/NUT.MIX. F-

Partie III : Evolution tumorale

12 avec glutamax-I (GibcoBRL, Paris, France) additionné de 5% de sérum de veau fœtal (SVF) (GibcoBRL) préalablement décomplémenté pendant 30 min à 56°C.

Les cellules en culture sont placées dans un incubateur à 37°C sous atmosphère humide (95%) et contenant 5% de CO_2. Lorsque les cellules atteignent un stade de confluence, leur multiplication est arrêtée. Après élimination du milieu de culture, les cellules sont détachées du fond des boites au moyen d'une solution contenant de la trypsine à 0,05% et de l'E.D.T.A. à 0,02% (Life Technologies, Cergy Pontoise, France). Les boîtes sont maintenues à 37°C jusqu'à détachement complet des cellules. L'action de la trypsine est alors arrêtée par ajout de milieu MIX.F-12 additionné de 5% de SVF et les cellules sont mises en suspension dans du milieu minimum MIX.F-12. Après trois rinçages dans du milieu minimum MIX.F-12 contenant 5% de SVF, les cellules vivantes sont comptées sur cellules de Malassez (Poly Labo, Strasbourg, France) par la méthode au bleu trypan (Sigma-Aldrich, St Quentin Fallavier, France). Les cellules C6 sont ensuite mises en suspension dans du milieu MIX.F-12 à une concentration finale de 5.10^6 cellules par microlitre.

III.2.1.1.2.2. Induction des tumeurs

Les rats sont anesthésiés par injection intra-péritonéale d'une solution de xylazine 10 mg/kg (Rompun 2 % : Bayer Pharma, Sens, France) et de kétamine 100 mg/kg (Ketalar : Parke-Davis, Courbevoie, France). L'animal est placé dans un cadre stéréotaxique équipé d'un micromanipulateur (Modèle Stoelting 51600, Phymep, Paris, France). Une incision caudo-rostrale de la peau du crâne est pratiquée et l'os est mis à nu. Un trou (3 mm à droite de la suture sagittale et 1 mm en avant de la suture fronto-pariétale) est réalisé dans l'os à l'aide d'une fraise de dentiste (Anthogyr, Sallanches, France) (*Figure 1*).

La suspension de cellules C6 (10 µl contenant 5.10^6 cellules) est alors injectée à 4mm de profondeur avec un débit de 5 µl/min à l'aide d'une micro-seringue équipée d'une aiguille de 11 mm de long (Exmire 20 µl, Poly Labo, Strasbourg, France). Après avoir laissé l'aiguille en place pendant 3 min après l'injection afin d'éviter toute remontée des cellules, le trou est bouché à l'aide d'une cire à os (Bone Wax). Les animaux sont ensuite replacés dans leur cage jusqu'au jour de l'étude.

Partie III : Evolution tumorale

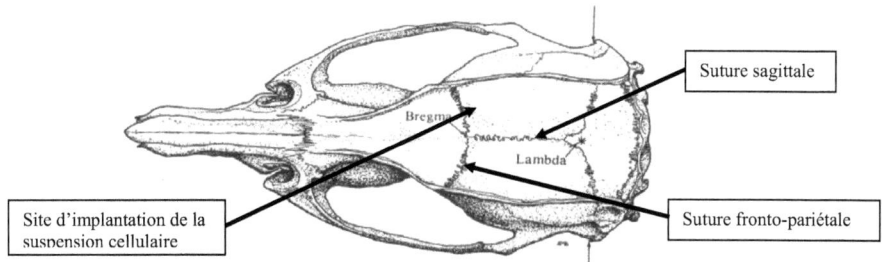

Figure 1 : Site d'implantation des cellules tumorales C6. Vue dorsale du crâne du Rat.

III.2.1.1.3 Prélèvements tissulaires

Les animaux sont sacrifiés au temps de développement J0, J7, J9, J12, J15, J19 et J23. Leur cerveau est alors prélevé et trois coupes de 2 mm sont réalisées à l'aide d'un slicer (Harvard apparatus, Les Ulis, France) de manière à prélever la zone comprenant la tumeur. Ces coupes macroscopiques de cerveau sont cryofixées par immersion pendant 20 min dans de l'isopentane refroidi à l'azote liquide. Cette cryofixation permet de réaliser des coupes frontales microscopiques de 15 µm d'épaisseur par cryomicrotomie (Microtome, Microm France, Francheville, France).

III.2.1.1.4. Analyse et histologie

Les coupes ainsi obtenues sont déposées sur fenêtre de fluorure de calcium (CaF_2) matériau qui possède un signal faible en microspectroscopie infrarouge et Raman. Pour chaque coupe déposée sur CaF_2, une coupe est colorée à l'hématoxyline éosine et montée entre lame et lamelle pour des observations en microscopie conventionnelle. Cette procédure permet de définir la zone d'acquisition et d'établir une corrélation directe entre la zone observée et les résultats obtenus par spectroscopie.

III.2.1.2. Analyse des échantillons par MIR-TF

III.2.1.2.1. Acquisition des données

Les spectres et images IR sont enregistrés à l'aide du microspectromètre Spotlight 300 (Perkin Elmer instrument, UK), constitué d'une source de lumière polychromatique, d'un interféromètre de Michelson, d'objectifs Cassegrain assurant la focalisation di faisceau sur l'échantillon (mode transmission), d'une platine motorisée (nécessaire pour analyser les échantillons

Partie III : Evolution tumorale

en mode imagerie), d'un système optique Z-fold permettant l'acquisition de spectres avec une résolution spatiale de 25 ou 6,25 µm et d'un système de deux détecteurs de type Mercure Cadmium Tilluride (MCT) installé dans un vase Dewar que l'on rempli avec de l'azote liquide (*Figure 2*). L'interférogramme enregistré mesure l'intensité de la lumière transmise ou absorbée en fonction des différentes longueurs d'onde. En calculant la transformée de Fourier de l'interférogramme, on obtient le spectre final.

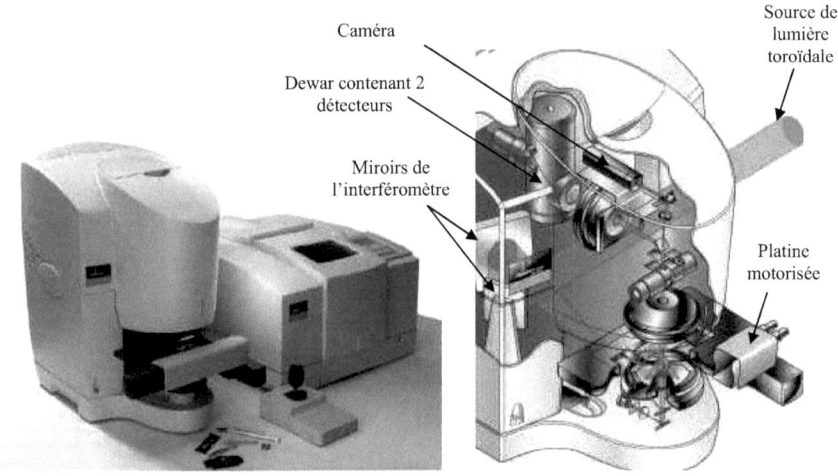

Figure 2 : Imageur infrarouge Spotlight 300

L'acquisition des données se fait grâce au logiciel « SPOTLIGHT » (V.1.1.0, Perkin Elmer, Paris) qui permet de piloter le microspectromètre Spotlight 300 au niveau des paramètres d'acquisition (temps et nombre d'accumulation, domaine spectral, résolution, zone à analyser, nombre de points à enregistrer).

III.2.1.2.2. Cartographie spectrale et paramètres d'acquisition

Les coupes déposées sur CaF_2 sont placées sous microscope et une image vidéo est enregistrée. La zone d'intérêt est alors sélectionnée après observation de la coupe colorée à l'H&E. Avant l'acquisition des données spectrales sur les échantillons à proprement parler, des spectres de références sont réalisés sur la fenêtre de CaF_2. L'acquisition des spectres IR est réalisée en mode transmission avec une résolution spatiale de 25 µm et une résolution spectrale de 4 cm^{-1}. Avant le traitement statistique des données, une correction atmosphérique de l'image spectrale est réalisée de

Partie III : Evolution tumorale

manière à éliminer les signaux induits par le dioxyde de carbone et l'humidité ambiante. Le domaine d'étude spectral se situe entre 720 et 4000 cm^{-1}.

III.2.1.3 Traitement des données

III.2.1.3.1. Analyses statistiques multivariées

L'analyse des spectres par simple inspection visuelle est impossible en raison de la complexité des profils spectraux, de la subtilité des différences recherchées et du nombre de spectres impliqués. Sept images spectrales ont été générées à partir des échantillons tissulaires obtenus au temps de développement J0, J7, J9, J12, J15, J19, J23. Le traitement de cette masse de données nécessite le recours à des méthodes particulières d'autant que la variabilité intrinsèque des échantillons peut cacher l'information recherchée (*Figure 3*). Les méthodes d'analyse spectrale doivent donc assurer la réduction du nombre des données, l'extraction d'informations, la classification des spectres, l'établissement et l'exploration de bases de données. Pour une meilleure exploitation des spectres, le traitement des données est effectué à l'aide du logiciel MATLAB (Version 7.02, MathWorks, Inc., Matick, USA) permettant l'analyse de données comportant de nombreuses variables.

III.2.1.3.2. Méthode des K-means

La méthode k-means est une méthode de classification non supervisée, non-hiérarchique, partitionnante. Cette fonction réalise le groupement non-hiérarchique par minimisation de la variance intragroupe. Il s'agit d'une méthode de partition d'un groupe d'objets, et non d'une méthode de classification hiérarchique. L'utilisateur précise le nombre, k, de groupes qu'il désire obtenir au terme du groupement. Cette méthode répartis les données en k groupes, autour de k centres de groupes (appelés noyaux). L'algorithme est donc réalisé à partir de k centres (tirés au hasard, par exemple) et l'un des noyaux (le plus proche) est alloué à chaque individu, donnant ainsi k groupes. K nouveaux centres sont calculés (le barycentre de chaque groupe) et l'opération est reproduite jusqu'à « convergence ».

III.2.1.3.3. Spectres infrarouge de référence

Les spectres de références sont réalisés à partir des composés purs spécifiques obtenus chez Sigma-Aldrich (Saint Quentin Fallavier, France): cholesterol (99%), phosphatidylcholine (1,2-diacyl-*sn*-glycero-3-phosphocholine, 99%, à partir du jaune d'œuf), phosphatidyléthanolamine (1,2-dihexadecanoyl-*sn*-glycero-3phosphoethanolamine, 99%),

Partie III : Evolution tumorale

sphingomyéline (*N*-acyl-D-sphingosine-1-phosphocholine, 99%, à partir de cerveau de bovin), galactocérébroside (ceramide β- D-galactoside, 99%, à partir de cerveau de bovin) et ADN extrait de thymus de veau. Chaque lipide est dissous dans un mélange méthanol (HPLC grade, CARLOERBA-SDS, Peypin, France) chloroforme (HPLC grade, CARLOERBA-SDS, Peypin, France) (v/v) et séché sur des fenêtres de CaF_2 pour les mesures infrarouges. La quantité déposé pour chaque lipide est de 25 µg pour le cholestérol, phosphatidylcholine, phosphatidyléthanolamine, galactocérébroside et 0,25 ng pour la sphingomyéline. L'ADN est dissous dans un tampon phosphate à pH 7,4 et déposé sur une fenêtre de CaF_2.

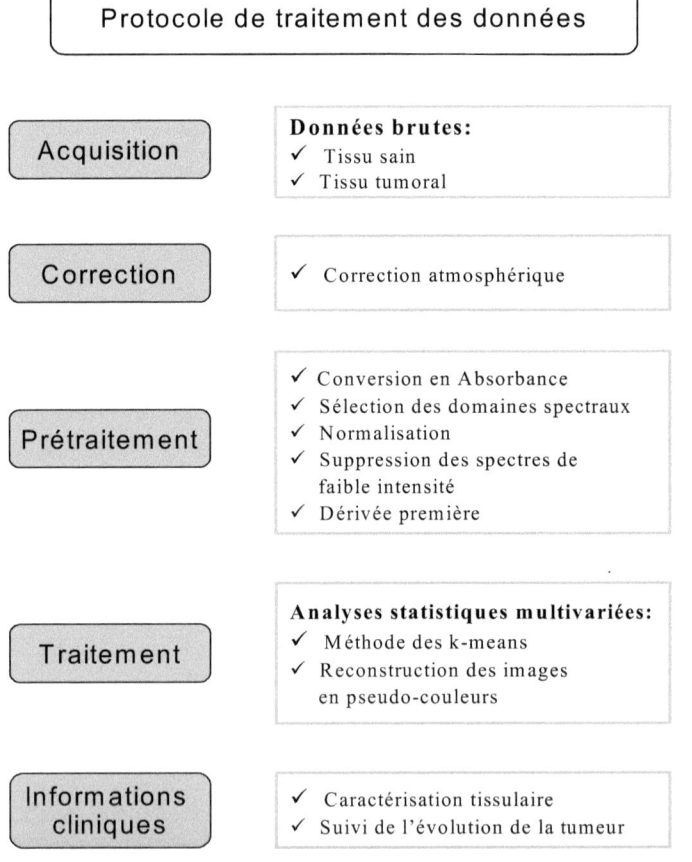

Figure 29 : Schéma récapitulatif du protocole de traitement des données

Partie III : Evolution tumorale

III.2.1.3.3. Méthode des moindres carrés ou "Multiple Least Square »

Les spectres infrarouges mesurés à partir des tissues sont des superpositions linéaires des spectres individuels de composés purs (protéines, lipides, acides nucléiques). La méthode des moindres carrés ("Multiple Least Square" ou MLS) est appliquée afin d'ajuster le spectre de l'échantillon étudié avec les spectres de référence. Les coefficients d'ajustement (estimant la contribution de chaque composé) sont destinés à la détermination de la distribution et/ou la contribution de chaque modèle (lipides, protéines, ADN) dans le tissu cérébral sain et tumoral. La précision du modèle est établie par soustraction des spectres modèles aux spectres observés. Cette analyse est réalisée à l'aide du logiciel MATLAB (Version 7.02, MathWorks, Inc., Matick, USA).

III.3. ETUDE PHARMACOCINETIQUE *in vivo* : DISTRIBUTION INTRA-TISSULAIRE DES MEDICAMENTS PAR MICRODIALYSE

III.3.1 La microdialyse

III.3.1.1. Principe

Il s'agit d'une diffusion passive des molécules au travers d'une membrane semi-perméable (*Figure 4*). Sa réalisation exige l'utilisation de sondes particulières dont l'extrémité est équipée d'une membrane de dialyse (*Figure 5*). Après implantation, ces sondes peuvent être assimilées à des vaisseaux sanguins dans lesquels, ou à partir desquels, diffusent de manière passive les molécules.

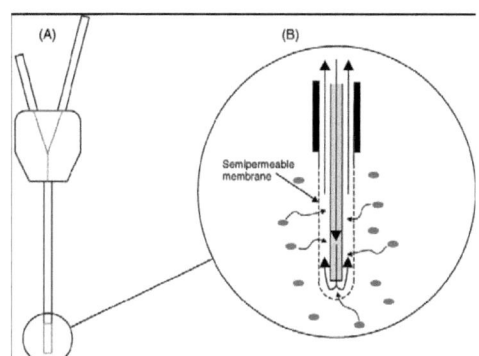

Figure 4 : (A) Shéma d'une sonde de microdialyse et (B) de son extrèmité présentant la membrane de dialyse.

Partie III : Evolution tumorale

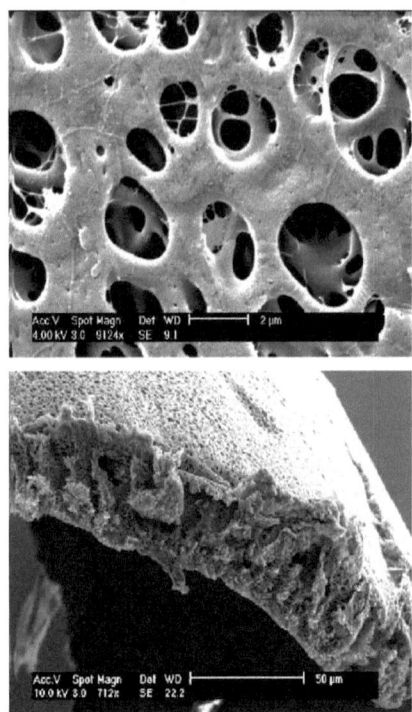

Figure 5 : Photographie d'une membrane de microdialyse CMA/20 obtenue par microscopie électronique à balayage. (A) surface externe, (B) coupe. D'après. Rosenbloom et al. 2005.

La sonde perfusée à débit constant avec un liquide dépourvu de la molécule étudiée entraîne la formation d'un gradient de concentration entre le liquide extracellulaire et le liquide de perfusion à travers la membrane semi-perméable. Il y a ainsi une diffusion passive de composants du compartiment le plus concentré vers le moins concentré. L'analyse des dialysats recueillis par intervalle de temps prédéterminés permet de suivre en continu l'évolution des concentrations de médicament au sein du liquide extracellulaire.

III.3.2. Protocole expérimental

De la même manière que pour l'étude réalisée par MIR-TF, des rats mâles Wistar sont anesthésiés et la tumeur est induite par injection de cellules C6 à la différence près que dans cette étude cette injection de cellules tumorales a lieu après implantation de canules guides qui permettront la mise en place des sondes de microdialyse.

Partie III : Evolution tumorale

III.3.2.1. Solutions et réactifs

Les solutions de méthotrexate sont préparées à partir de flacons de 2 ml contenant 50 mg de méthotrexate (Lédertrexate; Wyeth-Lederlé, Paris, France). Le sérum physiologique utilisé est une solution stérile de NaCl à 0,9% du commerce (Fresenuis France Pharm, Sèvres, France). L'eau ultrapure est obtenue à partir d'un système Millipore-Q (Millipore, St Quentin en Yvelines, France). Les milieux de culture sont préparés à partir de Ham F12 (Life Technologies, Cergy Pontoise, France), de sérum de veau fœtal (Life Technologies, Cergy Pontoise, France), de streptomycine / pénicilline (Life Technologies, Cergy Pontoise, France), d'amphotéricine B (Institut Jacques Boy, Reims, France) et de glutamine (Institut Jacques Boy, Reims, France). Le formol tamponné de Lillie est constitué d'un mélange de formaldéhyde à 40 % (Prolabo, Fontenay-sous-bois, France) et d'un tampon phosphate (10/90 ; v/v) contenant du NaH_2PO_4 (29,0 mM) et du Na_2HPO_4 (36,5 mM) (Réactifs Merck, OSI, Maurepas, France).

III.3.2.2. Implantation des canules guides

Les rats sont anesthésiés à l'isoflurane à l'aide d'un évaporateur (Isotec 4 : Ohmeda, Maurepas, France). L'induction de l'anesthésie est effectuée dans une cage en plexiglas dont l'atmosphère est saturée en isoflurane. Un masque relié à l'évaporateur est ensuite appliqué sur le museau du rat et l'anesthésie est entretenue avec 4 à 5% d'isoflurane. L'animal est ensuite placé dans un cadre stéréotaxique équipé d'un micromanipulateur. Une incision caudo-rostrale de la peau du crâne est pratiquée et l'os est mis à nu. Deux trous (3 mm de part et d'autre de la suture sagittale et 1 mm en avant de la suture fronto-pariétale) sont réalisés dans l'os à l'aide d'une fraise de dentiste (Anthogyr, Sallanches, France). Quatre autres trous sont réalisés pour l'implantation de vis d'ancrage (Carnégie, Phymep, Paris, France) assurant le maintien du ciment acrylique (Autenal Dental, Harrow, Angleterre) sur la surface osseuse. Une fois les vis d'ancrage mises en place, une canule guide (CMA/11 : Carnégie, Phymep, Paris, France) est implantée dans chaque hémisphère, à l'aide du micromanipulateur (*Figure 6*).

Partie III : Evolution tumorale

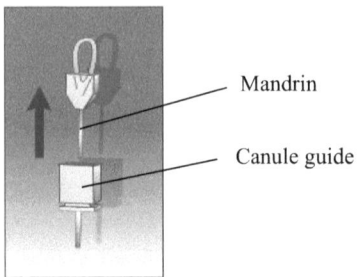

Figure 6 : Canule guide

L'extrémité de la canule guide est amenée à une profondeur de 4 mm par rapport à la surface du cerveau et la canule guide est fixée au moyen de ciment acrylique (*Figure 7*).

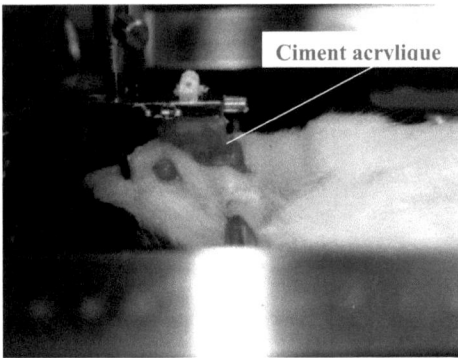

Figure 7. Animal placé dans un cadre stéréotaxique

III.3.2.3. Inoculation des cellules tumorales

A l'issue d'une période de 3 jours nécessaire à la cicatrisation, 10 µl de la suspension de cellules C6 sont injectés à un débit de 5 µl/min à l'aide d'une micro-seringue équipée d'une aiguille de 11 mm de long dans l'hémisphère droit (Exmire 20 µl, Poly Labo, Strasbourg, France). Après avoir laissé l'aiguille en place dans la canule guide pendant 3 min après l'injection afin d'éviter toute remontée des cellules dans la canule, celle-ci est retirée et le mandrin de la canule guide est remis en place.

III.3.2.4. Anesthésie

Quatre groupes de 5 rats sont réalisés avec des périodes de développement de la tumeur respectives de 7, 9, 12 et 15 jours. Les rats sont anesthésiés à l'isoflurane à l'aide d'un

Partie III : Evolution tumorale

évaporateur (Isotec 4 : Ohmeda, Maurepas, France). L'induction de l'anesthésie est effectuée dans une cage en plexiglas dont l'atmosphère est saturée en anesthésique. Après mise en place d'une canule trachéale reliée à un respirateur (Harvard Apparatus, Les Ulis, France), l'anesthésie est entretenue avec 1 à 1, 5% d'isoflurane.

La fréquence respiratoire est adaptée à chaque animal en fonction de son poids à l'aide d'un abaque. Le volume courant délivré à l'animal est contrôlé en continu par le suivi du CO_2 télé expiratoire à l'aide d'un analyseur de CO_2 (Engström eliza, Paris, France). Le maintien des valeurs entre 4 et 4,7 % assure le respect des normes physiologiques. Les conditions d'anesthésie ont été adaptées par un contrôle de la pCO_2, pO_2. Pendant toute la durée de l'étude, la température des animaux est maintenue à l'aide d'un système contrôlé de maintien de la température corporelle (Homeothermic blanket system, Phymep, Paris, France).

III.3.2.5. Modalités d'administration

L'animal anesthésié est placé en décubitus dorsal et un cathéter (D.I. : 1,19 mm, D.E. : 1,70 mm, Biotrol pharma, Paris, France) connecté à une seringue remplie de sérum physiologique hépariné (héparine 25 000 UI/ml, Laboratoire Léo, France) est inséré dans la veine du pénis. Une dose de méthotrexate de 100 mg/kg est administrée à partir d'une solution à une concentration de 25 mg/ml.

III.3.2.6. Modalités de prélèvement

III.3.2.6.1. Prélèvements sanguins

Les prélèvements sanguins sont réalisés au moyen d'un cathéter rempli de sérum physiologique hépariné (héparine 25 000 UI/ml, Laboratoire Léo, France) mis en place dans l'artère carotide droite. Le sang (200 µl) est recueilli dans des tubes en polyéthylène héparinés (Treff Lab, Poly Labo, Strasbourg, France; héparine 25 000 UI/ml, 8 µl par tube; Laboratoire Léo, France), aux temps : 2,5, 7,5, 15, 22,5, 37,5, 67,5, 127,5, 172,5 et 232,5 min après la fin de l'injection I.V. unique et rapide. Afin de minimiser les risques d'hypovolémie, un volume équivalent de soluté physiologique (NaCl 0,09 %) hépariné est administré après chaque prélèvement. Le plasma est immédiatement séparé par centrifugation à 2 500 g à température ambiante (Microcentrifugeuse Sigma 112, Bioblock Scientific, France) pendant 15 min et conservé à -20°C jusqu'au moment de l'analyse (2 à 5 jours).

Partie III : Evolution tumorale

III.3.2.6.2. Dialysat

Deux sondes de microdialyse CMA/11 (longueur de membrane : 2 mm ; diamètre: 240 µm; cutoff : 6 000 Daltons; Carnégie, Phymep, Paris, France) (*Figure 8*), perfusées avec une solution de Krebs-Ringer (Sigma-Aldrich, St Quentin Fallavier, France) à un débit de 7 µl/min, sont mise en place dans les canules guides. Les dialysats sont collectés par intervalles de temps de 15 min pendant 4 h. Les dialysats sont congelés et conservés à -20°C jusqu'au moment de l'analyse (2 à 5 jours).

Figure 8 : Sonde de microdialyse CMA/11.

III.3.2.7.. Détermination des rendements de microdialyse

III.3.2.7.1. Rendement in vitro

Les rendements *in vitro* sont déterminés par immersion des sondes dans une solution de Krebs Ringer à la concentration de 50 µg/ml de méthotrexate et maintenue à +38° C. Une solution de Krebs Ringer est perfusée à un débit de 7 µl/min et une période de 30 min est respectée avant la réalisation du premier prélèvement. Le rendement est calculé en faisant la moyenne des rapports de concentration de méthotrexate mesurée dans chaque dialysat sur la concentration de méthotrexate présente dans la solution de Krebs Ringer dans laquelle la sonde est immergée. Huit prélèvements sont réalisés en continu par intervalles de 15 min, pour chaque sonde.

III.3.2.7.2. Rendement in vivo

Le rendement *in vivo* est déterminé, pour chaque stade de développement, par dialyse inverse chez des groupes de cinq rats porteurs d'une tumeur cérébrale C6 préparés comme décrit précédemment. Les animaux sont anesthésiés à l'isoflurane (induction: 5%; entretien : 1 à 1,5%), une sonde de microdialyse implantée dans la tumeur est perfusée à un débit de 7 µl/min avec une solution de Krebs Ringer contenant du méthotrexate aux concentrations de

Partie III : Evolution tumorale

50, 230 et 300 ng/ml. Après un délai de 30 min, les dialysats sont collectés par intervalles de 15 min pendant 2 h. Les rendements pour chaque stade de développement correspond à la moyenne des rapports des concentrations perdues sur la concentration initiale de la solution perfusée :

$$\text{Rendement}_{\text{in vivo}} = (C_{in} - C_{out}) / C_{in} \times 100$$

C_{in} : Concentration de méthotrexate dans le liquide de perfusion
C_{out} : Concentration de méthotrexate dans le dialysat

III.3.2.8. Dosage du méthotrexate

Les concentrations de méthotrexate sont déterminées dans les échantillons plasmatiques ainsi que les dialysats par chromatographie liquide à haute performance et détection U.V. Les échantillons sanguins (150 µL) sont déprotéinisés par ajout d'un volume égal d'acide trichloroacétique 0,8 M (Prolabo, Fontenay-sous-bois, France). Après agitation au vortex pendant 1 min puis centrifugation à 2 200 g (Centrifugeuse BR 3.11, Jouan, Saint-Herblain, France) pendant 10 min, les surnageants sont directement injectés dans le système chromatographique. Les concentrations de méthotrexate dans les dialysats sont déterminées, après décongélation et agitation au vortex pendant 30 sec, par injection directe des échantillons dans le système chromatographique.

Le système chromatographique est constitué d'une pompe (Model 400 SDS; Applied Biosystem; Eurosep Instruments, Cergy Pontoise, France), d'un injecteur (7125; Rhéodyne; Eurosep Instruments, Cergy Pontoise, France) équipé d'une boucle de 5 µl (Rhéodyne; Interchim, Montluçon, France) pour l'analyse des prélèvements sanguins et d'une boucle de 20 µl (Rhéodyne; Interchim, Montluçon, France) pour l'analyse des dialysats, d'un détecteur spectrophotométrique U.V. (Model 785A; Applied Biosystem; Eurosep Instruments, Cergy Pontoise, France) et d'un intégrateur (SP4400; Spectra-Physics; Eurosep Instruments, Cergy Pontoise, France). La séparation est réalisée sur une colonne C18 (Colonne C18 Hypersil ODS, 5 µm, 150 x 2 mm; Interchim, Montluçon, France), équipée d'une précolonne C18 (Précolonne C18 Hypersyl, 5 µm, 20 x 2 mm; Interchim, Montluçon, France).

III.3.2.8.1. Conditions chromatographiques

Les conditions chromatographiques correspondent à celles décrites par Devineni (Devineni *et al.* 1996). La phase mobile est constituée d'un mélange de méthanol (SDS,

Partie III : Evolution tumorale

Peypin, France) et d'un tampon phosphate (20/80 ; v/v) contenant du K_2HPO_4 40 mM (SDS, Peypin, France). Le pH est ajusté à 7,0 par addition d'acide orthophosphorique à 85% (SDS, Peypin, France). La phase mobile est préparée extemporanément, filtrée (Millipore 0,45 µm; Poly Labo, Strasbourg, France) et dégazée sous vide dans un bain à ultrasons (Branson 2210, Bransonic, OSI, Maurepas, France). Le débit est de 0,3 ml/min et la détection est effectuée à 307 nm.

III.3.2.8.2   Calcul des paramètres pharmacocinétiques

Les paramètres pharmacocinétiques du méthotrexate (A, B, α, β) sont déterminés pour chaque animal par régression non linéaire en prenant simultanément en compte les profils des concentrations de méthotrexate dans le plasma et dans le liquide extracellulaire de la tumeur grâce à l'utilisation du logiciel GraphPad Prism (GraphPad Software, Version 4.03). Le choix du modèle décrivant l'évolution des profils de concentrations de méthotrexate est basé sur la comparaison des valeurs du critère d'Akaike.

Les concentrations de méthotrexate déterminées dans le liquide extracellulaire sont corrigées par la valeur du rendement *in vivo*. Du fait de la faible valeur de l'intervalle de temps utilisé pour la collecte de chaque échantillon, la valeur médiane de chacun de ces intervalles est retenue comme temps de prélèvement pour chaque concentration mesurée. La demi-vie de distribution est déterminée à partir de la formule : $t_{1/2}\alpha = Ln2 / \alpha$, avec α, pente de la phase de distribution. La demi-vie d'élimination plasmatique est calculée à partir de la formule suivante : $t_{1/2}\beta = Ln2 / \beta$, avec β, pente de la phase terminale d'élimination. L'aire sous la courbe des concentrations plasmatiques ($AUC_{Plasma\ total}$), est calculée par la méthode des trapèzes et correspond à l'aire sous la courbe du temps 0 à 240 min. La clairance totale (CL_T) est calculée en divisant la dose par l'$AUC_{Plasma\ total}$. Le volume de distribution à l'équilibre (Vd_{ss}) est déterminé par la formule suivante : $(Dose / (A + B)) \times (1 + (k_{12}/k_{21}))$. Le degré d'exposition de la tumeur au méthotrexate est déterminé par le rapport des aires sous la courbe dans le liquide extracellulaire tumoral et dans le plasma ($AUC_{LEC}/AUC_{Plasma\ total}$).

III.3.2.10   Analyse statistique

La comparaison des paramètres à différents stades de développement est effectuée par le test non paramétrique de Kruskal-Wallis au moyen du logiciel GraphPad Prism (version 5.0, San Diego, USA) avec un seuil de significativité fixé à $p < 0,05$.

Partie III : Evolution tumorale

III.4. RESULTATS

III.4.1. Modèle animal

Après inoculation de la suspension de cellules tumorales, les animaux reprennent une activité normale. Aucune altération de l'état général n'est visible dans les 15 jours qui suivent l'inoculation des cellules tumorales. A partir de J15, on note un arrêt de la prise de poids. L'apparition de signes cliniques de souffrance des rats est visible à partir de J19 (coloration autour des yeux, diminution voir arrêt des déplacements...).

III.4.2. Histologie

Après l'injection des cellules C6, une masse tumorale centrée sur le site d'injection se développe chez tous les animaux. D'abord une zone diffuse est observée avec un diamètre vertical et horizontale respectivement de $1,8 \pm 0,4$ mm et de $4,5 \pm 0,7$ mm à J7, puis on observe une tumeur de forme ovoïde de $2,5 \pm 0,1$ mm et de $4,8 \pm 1,1$ mm à J9, de $3,0 \pm 0,8$ mm et de $6,4 \pm 2,3$ mm à J12, de $4,6 \pm 2,5$ mm et de $8,0 \pm 1,4$ mm à J15, de $5,5 \pm 0,7$ mm et de $6,5 \pm 0,7$ mm à J19 et de $5,8 \pm 1,9$ mm et de $7 \pm 1,4$ mm. Aucune masse tumorale n'est observée dans l'hémisphère controlatéral. On note une augmentation de la taille de la zone de nécroses avec le développement de la tumeur.

III.4.3. Etude de la progression tumorale par MIR-TF *ex vivo*

III.4.3.1. Comparaison des tissus sain et tumoral

III.4.3.1.1. Analyse des images par la méthode des k-moyennes

Les images sont enregistrées sur les coupes de cerveaux sains et porteurs d'un gliome C6 pour chaque stade de développement (J7, J9, J12, J15, J19 et J23). Après l'analyse statistique multivariée, les images en pseudo-couleur sont reconstituées, puis comparées avec les données histopathologiques observées sur les coupes colorées à l'H&E (*Figure 9*). La description de toutes les structures cérébrales saines et tumorales ne nécessite que 10 groupes de spectres, chaque couleur correspondant à un groupe de spectres semblables. Ces groupes de spectres ou clusters moyens, collectés à partir des coupes de tissus sain et tumoral, sont présentés sur la *figure 10*.

Partie III : Evolution tumorale

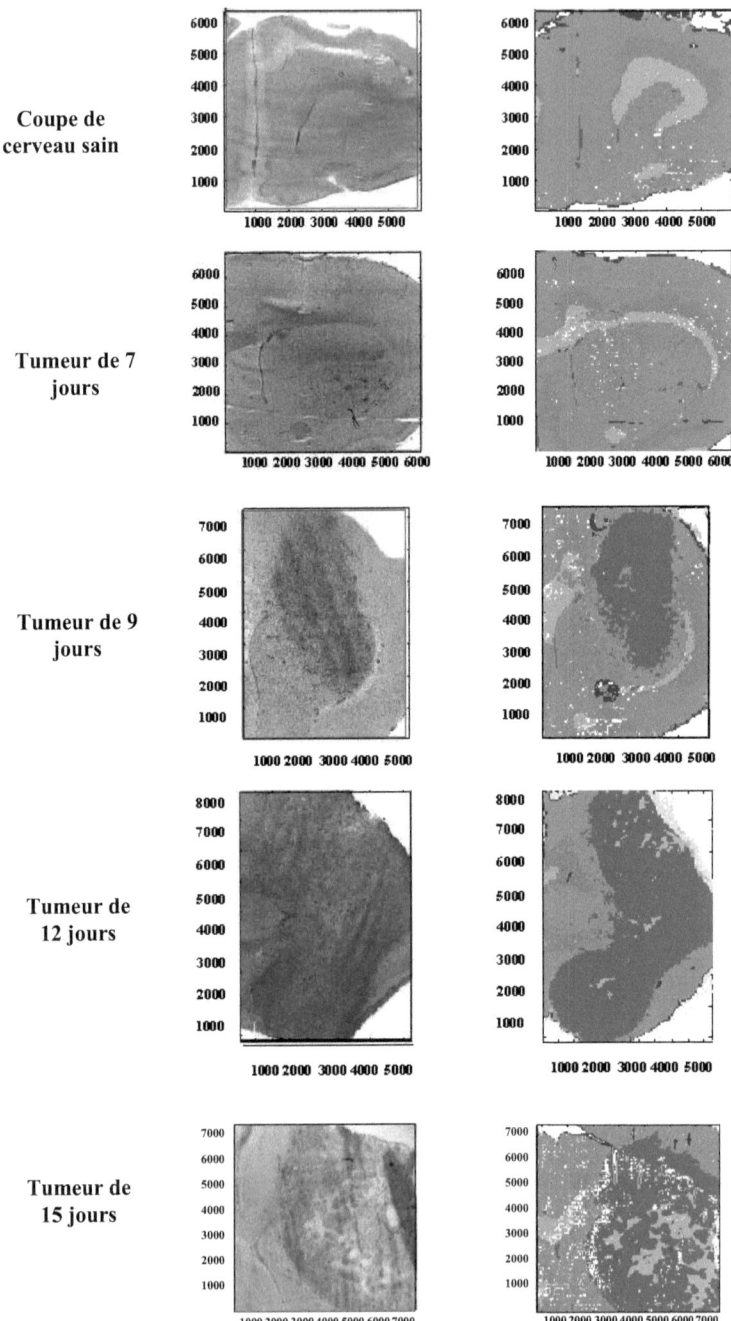

Partie III : Evolution tumorale

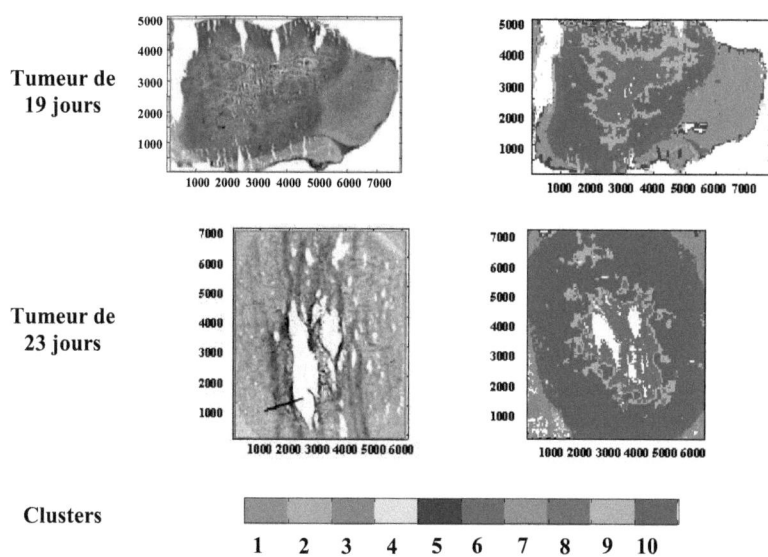

Figure 9 : Cartographies spectrales basées sur l'analyse en clusters mettant en évidence les différentes structures cérébrales saines et tumorales

Les structures saines sont décrites par les clusters 1, 2 et 3. Le groupe de spectre 1 correspond au cortex cérébral constitué essentiellement de matière grise. La zone associée au groupe de spectre 2 correspond au corps calleux, et le tissu entourant le corps calleux est représenté par le groupe de spectre 3. Les clusters 4 et 5 ne décrivent aucune composante tissulaire mais le polymère utilisé lors de la cryofixation des coupes macroscopiques de cerveau. La comparaison des coupes histologiques et des images spectrales permet d'identifier les différentes structures, toutefois l'image spectrale apporte de plus amples informations, non décelables par simple observation des coupes colorées à l'H&E.

Les structures tumorales quant à elles sont décrites par les groupes de spectres 6, 7, 8, 9 et 10. Ces groupes décrivent les changements moléculaires associés au développement du gliome. On peut ainsi distinguer :

✓ la zone tumorale (Groupes de spectres 6 et 10),
✓ une zone péritumorale (Groupe de spectres 7) correspondant à la zone d'invasion de la tumeur,
✓ une zone nécrotique (Groupe de spectres 8),
✓ une zone périnécrotique (Groupe de spectres 9).

Partie III : Evolution tumorale

La comparaison des images histologiques avec les images spectrales montre que l'analyse spectrale permet l'identification du tissu tumoral et des différentes structures présentes au sein de la masse tumorale. De plus, les limites de la tumeur apparaissent plus clairement définies que sur les coupes colorées à l'H&E.

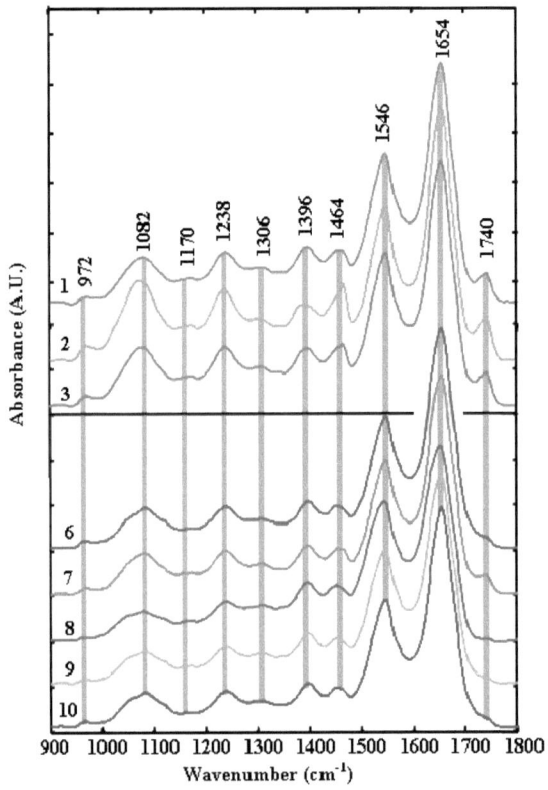

Figure 10 : Spectres IR représentant les clusters moyens collectés à partir des coupes de tissus sain et tumoral dans la région spectrale allant de 900 à 1800 cm^{-1}. Les spectres sont présentés avec les mêmes couleurs que celles apparaissant sur images en pseudo-couleur.

III.4.3.2. Evolution tumorale

Ainsi l'étude par imagerie spectrale nous a dores et déjà permis de comparer les tissus sains et tumoraux et de caractériser les changements biochimiques associés à la présence du gliome. Nous nous sommes, ensuite attacher au suivi du développement tumoral. Nous avons cherché ici à caractériser le tissu tumoral au cours de son évolution et à identifier les différents stades de sa progression. Le développement a ainsi été étudié sur une période de

23 jours et les images spectrales ont été enregistrées pour des tumeurs de 7, 9, 12, 15, 19 et 23 jours. Au 7ème jour, le tissu tumoral n'apparaît pas clairement développé. En effet, la zone tumorale est caractérisée par une structure diffuse au sein du parenchyme cérébral, représenté par le cluster 7 (*Figure 9*). Au 9ème jour on peut observer une masse tumorale compacte caractérisée par le cluster 6. Cette masse est bordée par une structure au contour diffus, la zone péritumorale représentée par le cluster 7. Entre le 9ème et 12ème jour le volume de la masse tumorale et de la zone péritumorale augmente et ce développement se poursuit jusqu'au 19ème jours. Au 12ème jour, on note l'apparition de petites structures au sein du tissu tumoral, identifiées comme des zones prénécrotiques (cluster 9). Du 12ème et 15ème jours, se profile dans la partie centrale de la tumeur, l'ébauche de ce qui deviendra la zone nécrotique (cluster 8) ainsi que la zone périnécrotique (cluster 9). Entre 15 et 19 jours, le tissu tumoral se modifie. En effet, on observe, l'apparition, au sein de la masse tumorale, d'un tissu caractérisé par un nouveau groupe de spectres (cluster 10). L'évolution tumorale est accompagnée par une augmentation de la taille des zones nécrotiques et périnécrotiques. Enfin, entre le 19ème et le 23ème jour, la masse tumorale couvre quasiment tout l'hémisphère cérébral. Le tissu tumoral apparaît ici principalement caractérisé par le cluster 10. Les zones nécrotiques ne forme plus qu'une plage centrale, et on observe également, une zone péritumorale qui apparaît très réduite.

III.4.3.3. Caractérisation des changements moléculaires

Une fois les différentes structures saines et tumorales identifiées, nous avons cherché à quantifier les changements biochimiques (lipides et protéines) associés aux tissus sain et pathologique. Nous avons ainsi cherché à déterminer la contribution des principales espèces biochimiques par « Multiple least squares fitting » c'est à dire par ajustement des spectres mesurés avec une combinaison linéaire des spectres des composés purs majoritaires.

III.4.3.2.1. Tissu sain

Dans un premier temps, nous avons déterminé la contribution de différents éléments biochimiques majoritairement retrouvés dans le tissu cérébral sain. Les cartographies spectrales, mettant en évidence la contribution de ces éléments dans le tissu cérébral sain, sont présentées *figure 11*. La contribution de différents lipides classiquement retrouvés dans le tissu cérébral (Krafft et al. 2005) ainsi que celle de l'ADN, a été recherchée. Ainsi, le corps calleux présente une forte concentration en cholestérol, phosphatidyléthanolamine (PE) et des concentrations beaucoup moins élevées en galactocérébroside et acide oléique. Le cortex,

Partie III : Evolution tumorale

quant à lui, présente des concentrations plus élevées en phosphatidylcholine (PC) et phosphatidylsérine (PS).

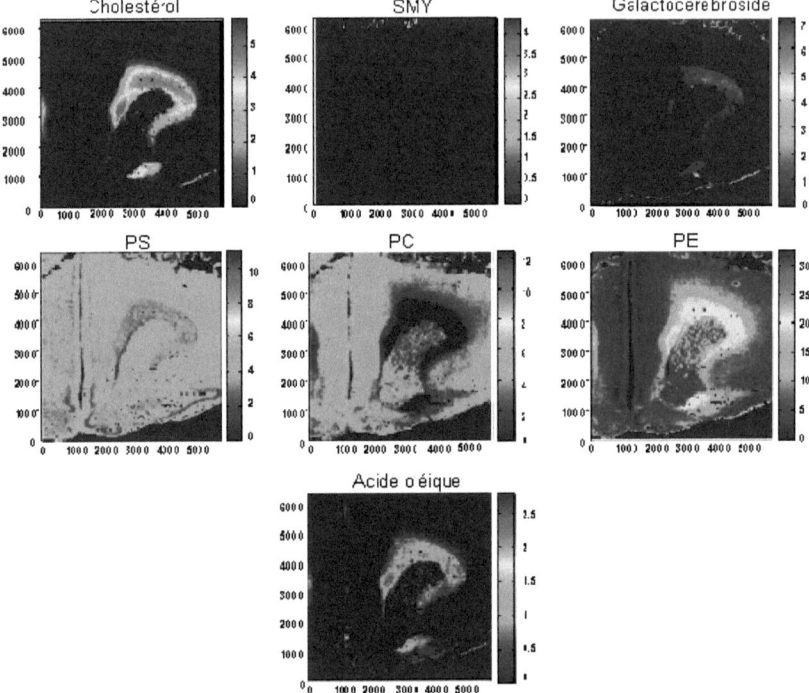

Figure 11 : Cartographies spectrales mettant en évidence la contribution des éléments majoritaires présents dans le tissu cérébral

III.4.3.2.1. Tissu tumoral

Dans l'étude du tissu tumoral, seul les éléments présentant des variations significatives au cours du développement tumoral ont été retenus. Les résultats, présentés *figure 12,* mettent en évidence une augmentation de la contribution de la sphingomyéline au cours des stades de développement allant du 9ème au 19ème jour. Au 23ème jour, la sphingomyéline semble avoir complètement disparue du tissu tumoral. De fortes concentrations en ADN et acide oléique sont également observées au sein de la masse tumorale tout au long du développement du gliome. En revanche, tous ces composés sont absents de la zone nécrotique. Néanmoins, cette zone nécrotique est caractérisée par une proportion importante de galactocérébroside au cours des deux derniers stades d'évolution (J19 et J23).

Partie III : Evolution tumorale

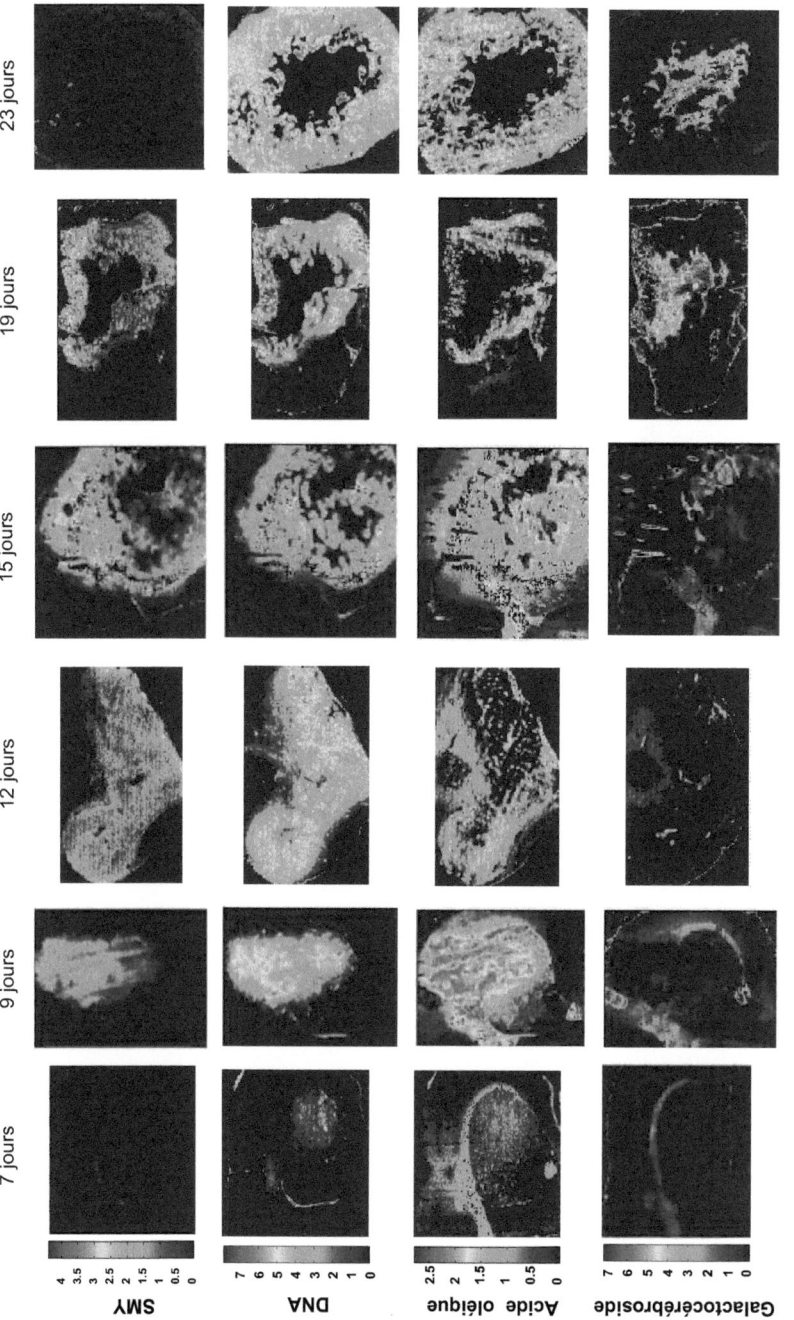

Figure 12 : Cartographies spectrales mettant en évidence la contribution des éléments principaux retrouvés dans le tissu tumoral

Partie III : Evolution tumorale

III.4.4. Etude pharmacocinétique *in vivo* par microdialyse: Influence du développement tumoral sur la distribution intra-tissulaire des medicaments

Des études préliminaires menées au laboratoire on mis en évidence des modifications de la cinétique du médicament au cours des deux premières semaines de l'évolution tumorale, c'est pourquoi nous nous sommes intéressés à rechercher l'influence du développement tumoral sur la distribution tissulaire du médicament. Dans cette étude, le développement tumorale augmentant considérablement la mort des animaux au cours de l'anesthésie, nous présenterons ici les résultats obtenus pour les stades de développement J7, J9, J12 et J15.

III.4.4.1. Modèle animal

Après inoculation de la suspension de cellules tumorales, les animaux reprennent une activité normale. Aucune perte d'appétit ni aucun trouble neurologique n'est observée pendant la période de développement de la tumeur. Une micro-photographie d'une tumeur C6 à J15 faisant apparaître le site d'implantation de la sonde de microdialyse dans le tissu tumoral est présentée *figure 13*.

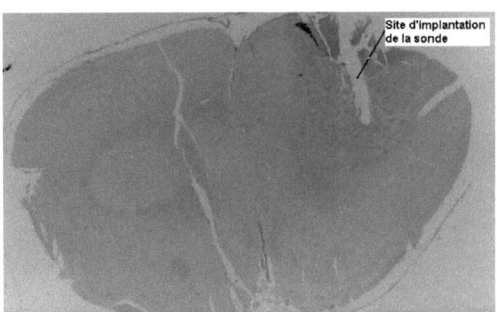

Figure 13 : Site d'implantation de la sonde de microdialyse dans le tissu tumoral (gliome C6) d'un rat mâle Wistar.

III.4.4.2. . Rendement de microdialyse

III.4.4.2.1. Rendement in *vitro*

Le rendement *in vitro* déterminé à +38°C pour une concentration de 50 µg/ml et un débit de 7 µl/min est de 7,0 ± 0,6% (moyenne ± écart type).

III.4.4.2.2. Rendement *in vivo*

Partie III : Evolution tumorale

Les rendements *in vivo* sont déterminés par dialyse inverse dans le gliome C6 pour chaque stade de développement avec une solution perfusée à la concentration de 200 ng/ml de méthotrexate (7 µl/min) et sont présentés *tableau I*.

Tableau I : Rendement in vivo (%) déterminé dans le tissu tumoral et dans l'hémisphère controlatérale en fonction du stade de développement (n=5).

	J7	J9	J12	J15
Tissu sain	2,8 ± 2,1	4,6 ± 2,9	4,3 ± 1,6	6,0 ± 4,0
Tissu tumoral	3,5 ± 2,1	3,3 ± 2,1	4,5 ± 2,2	9,4 ± 5,9

Les résultats obtenus ne font pas apparaître de différence significative entre les rendements déterminés pour chaque stade de développement de la tumeur. Cependant on note une augmentation de la variabilité inter-individuelle de ce rendement avec l'âge de la tumeur.

III.4.4.3. Pharmacocinétique plasmatique

Les profils de concentrations plasmatiques moyennes de méthotrexate après injection I.V. unique et rapide sont présentés dans les *figures 14 à 17*. Les paramètres moyens sont rapportés dans le *tableau II*, et une comparaison des profils de concentrations plasmatiques de méthotrexate obtenus aux différents stades de développement de la tumeur C6 est présentée *figure 18*.

Les concentrations maximales mesurées dans le plasma après administration d'une injection I.V. unique et rapide (100 mg/kg) sont comprises entre 63 et 473 µg/ml. Les profils d'évolution des concentrations plasmatiques sont caractérisés par une décroissance biexponentielle quelle que soit le stade de développement de la tumeur cérébrale C6.

Aucune différence significative n'est mise en évidence entre les paramètres pharmacocinétiques déterminés à partir des concentrations plasmatiques quelque soit le stade de développement de la tumeur C6. La demi-vie, la clairance totale, le volume apparent de distribution et la fixation protéique calculés chez les deux groupes de rats ne sont pas statistiquement différents. Les valeurs des $AUC_{Plasma\ total(0-240)}$ peuvent être considérées comme étant proportionnelles à la dose, les $AUC_{Plasma\ total(0-240)}$ calculées pour la dose de 100 mg/kg étant en moyenne 1,7 fois supérieures à celles déterminées pour la dose de 50 mg/kg.

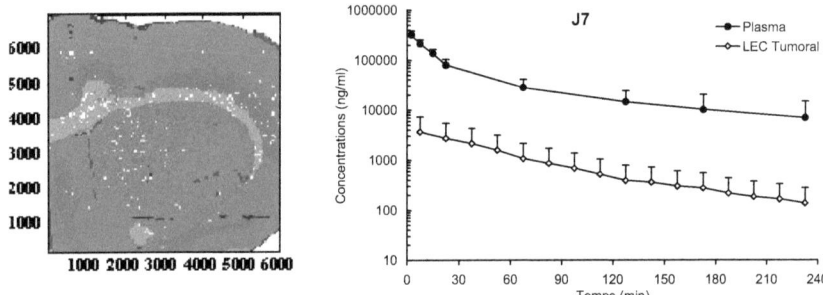

Figure Figure 9 : Cartographies spectrales basées sur l'analyse en clusters mettant en évidence les différentes structures cérébrales saines et tumorales
14 : Evolution des concentrations de méthotrexate chez le Rat Wistar mâle porteur d'un gliome C6 à J 7 après injection I.V. unique et rapide d'une dose de 100 mg/kg
(n = 5).

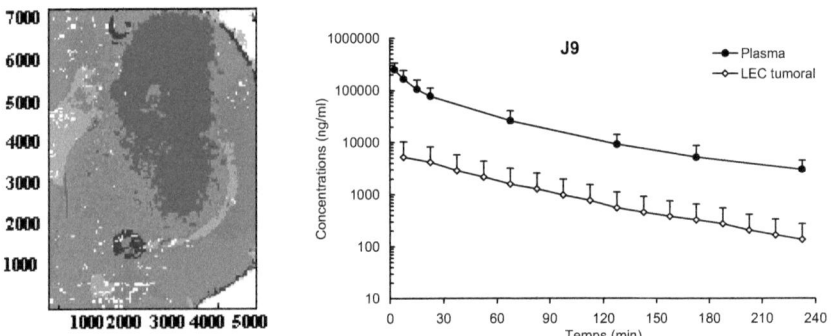

Figure 15 : Evolution des concentrations de méthotrexate chez le Rat Wistar mâle porteur d'un gliome C6 à J 9 après injection I.V. unique et rapide d'une dose de 100 mg/kg (n = 5).

Partie III : Evolution tumorale

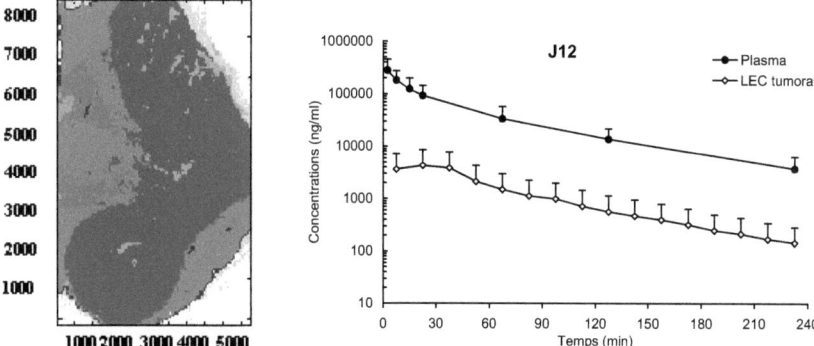

Figure 16 : Evolution des concentrations de méthotrexate chez le Rat Wistar mâle porteur d'un gliome C6 à J 12 après injection I.V. unique et rapide d'une dose de 100 mg/kg (n = 5).

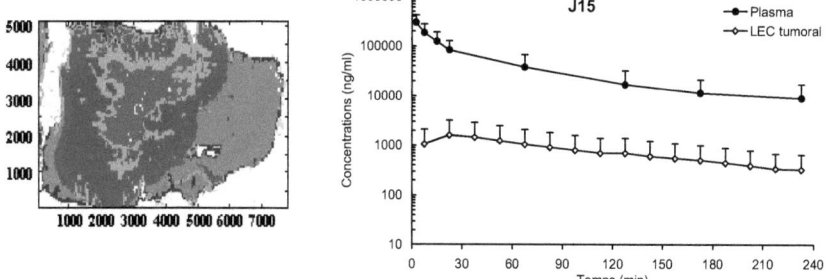

Figure 17 : Evolution des concentrations de méthotrexate chez le Rat Wistar mâle porteur d'un gliome C6 à J 15 après injection I.V. unique et rapide d'une dose de 100 mg/kg (n = 5).

Partie III : Evolution tumorale

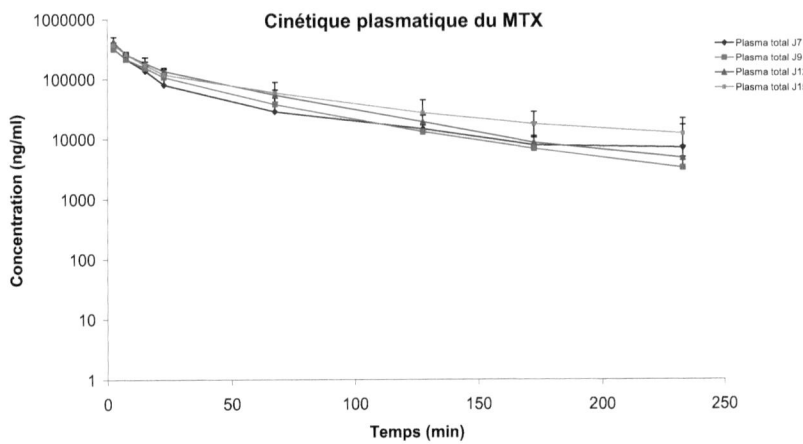

Figure 18 : Evolution des concentrations plasmatiques moyennes de méthotrexate en fonction du temps chez le Rat Wistar mâle porteur d'un gliome C6, à différents stade de développement, après administration d'une dose de 100 mg/kg (moyenne ± écart type; n = 5).

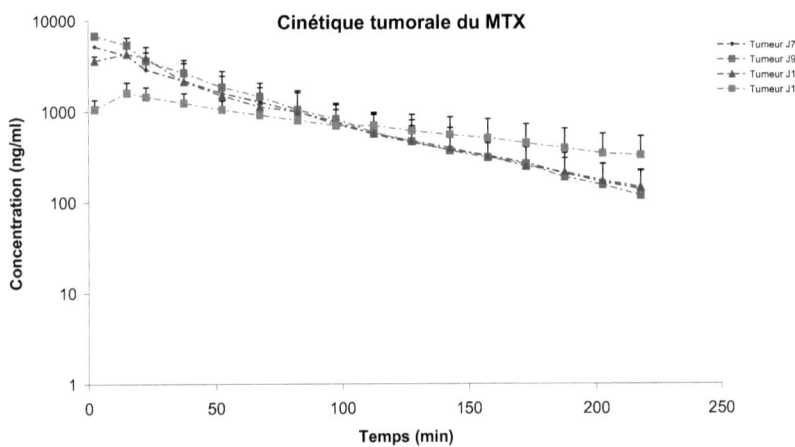

Figure 19 : Evolution des concentrations moyennes de méthotrexate dans le liquide extracellulaire du tissu tumoral C6 en fonction du temps chez le Rat Wistar mâle porteur d'un gliome C6, à différents stade de développement, après administration d'une dose de 100 mg/kg (moyenne ± écart type; n = 5).

Partie III : Evolution tumorale

III.4.4.4. Pharmacocinétique tissulaire

Les profils moyens des concentrations de méthotrexate libre dans le tissu tumoral, corrigées par la valeur du rendement *in vivo*, en fonction du stade de développement de la tumeur C6 sont présentés dans les *figures 14 à 17*. On note une augmentation significative ($p<0,05$) du T_{max} au cours du développement tumoral. De même, le Cmax est diminué de manière significative au cours du développment de la masse tumorale. En effet, de J7 à J9 les concentrations moyennes de méthotrexate dans le liquide extracellulaire de la tumeur atteignent une valeur maximale dans les 10 premières minutes qui suivent l'injection. De J12 à J15, les concentrations moyennes de méthotrexate dans le liquide extracellulaire de la tumeur atteignent une valeur maximale 20 min après l'injection. Leur décroissance est comparable à celle observée dans le plasma suivant une cinétique biphasique. Cependant, le développement tumoral est responsable d'une diminution significative de la demi-vie d'élimination du MTX à partir du tissu tumoral ($p<0,05$). La comparaison des profils de concentrations moyennes de méthotrexate libre mesurées dans le tissu tumoral aux différents stades de développement de la tumeur C6 est présentée *figure 19*. Les paramètres tissulaires du méthotrexate en fonction du stade de développement de la tumeur C6 sont présentés dans le *tableau III* et présentent une différence significative.

Partie III : Evolution tumorale

Tableau II : Paramètres pharmacocinétiques plasmatiques du méthotrexate chez le Rat Wistar mâle porteur d'un gliome C6 après injection I.V. unique et rapide d'une dose de 100 mg/kg (moyenne ± écart type).

Rat	J7	J9	J12	J15
t½α (min)	6,2 ± 2,3	8,2 ± 2,5	5,2 ± 1,7	7,1 ± 0,7
t½β (min)	47 ± 9	47 ± 6	46 ± 14	71,9 ± 16,9
Vd$_{SS}$ (ml)	345 ± 185	254 ± 122	194 ± 90	280 ± 111
CL$_T$ (ml.h^{-1}.kg^{-1})	8,46 ± 5,55	5,48 ± 2,90	3,68 ± 1,22	3,95 ± 1,58
AUC$_{Plasma\ total}$ (µg.min.ml^{-1})	7077 ± 3477	8407 ± 2301	11177 ± 3571	12192 ± 5460

Tableau III : Paramètres pharmacocinétiques du méthotrexate libre dans le tissu tumoral et rapport AUC$_{LEC}$/AUC$_{Plasma\ total}$ chez le Rat Wistar mâle porteur d'un gliome C6 après injection I.V. unique et rapide d'une dose de 100 mg/kg (moyenne ± écart type).

Rat	J7	J9	J12	J15
Cmax (ng/mL)	3777,8 ± 5282,8	5451,8 ± 3152,4	4685,7 ± 1588,0	1600,7 ± 470,2*
Tmax (min)	10,5 ± 6,7	12,5 ± 7,7	17,5 ± 8,7	22,5 ± 0,0*
T½β (min)	37,8 ± 7,4	32,2 ± 11,0	34,4 ± 8,4	51,4 ± 5,5*
AUC$_{LEC}$ (µg.min.ml^{-1})	258 ± 280	106 ± 81	320 ± 182	245 ± 122
AUC$_{Plasma\ total}$ (µg.min.ml^{-1})	7077 ± 3477	6755 ± 3125	12665 ± 2416	14023 ± 4958
AUC$_{LEC}$/AUC$_{Plasma\ total}$ (%)	2,66 ± 2,35	2,07 ± 2,5	2,54 ± 1,30	1,80 ± 0,82

* Significativement différent (p < 0,05).

III.5. DISCUSSION

De même que pour les tumeurs périphériques, il existe de nombreuses méthodes d'induction des tumeurs cérébrales (Bergstrom *et al.* 1997 ; Fry *et al.* 1982 ; Inoue *et al.* 1987 ; Kobayashi *et al.* 1980 ; Menei *et al.* 1996 ; Morreale *et al.* 1993). Toutefois, seule l'injection intratissulaire d'un nombre déterminé de cellules permet d'obtenir le développement d'une masse tumorale d'une dimension donnée sur un site précis et dans un délai court, justifiant le choix de cette technique dans nos études. Le modèle de tumeur C6 présente un grand nombre de caractéristiques des gliomes humains avec une morphologie proche de celle des GBMs, des zones nécrotiques et des cellules en palissade (Plate *et al.* 1993). Ces gliomes sont, de plus, très vascularisés exprimant différents facteurs de croissance, comme le VEGF également mis en évidence dans les GBMs humains. (Schmidek *et al.* 1971).

Dans un premier temps, l'objectif de notre étude était de déterminer les modifications induites par le développement tumoral sur l'architecture tissulaire ainsi que sur la composition tissulaire. L'imagerie spectrale infrarouge nous a permis de déterminer ces modifications pour 6 stades de développement différents. En effet, l'analyse des images spectrales selon des techniques d'analyses multivariées nous a permis de visualiser les différentes structures tumorales apparaissant au cours de l'évolution. Puis, la création de cartographies spectrales présentant la contribution des éléments biochimiques d'intérêt selon la méthode des « Multiple least squares fitting » nous a permis de déterminer les changements biochimiques associés à ce développement tumoral.

Ainsi, en terme de structures, nous avons observé des zones tumorale, péritumorale, nécrotique, périnécrotique, ainsi qu'une zone de différenciation au sein de la tumeur apparaissant dans les deux derniers stades de développement. L'apparition de ces différentes structures au cours du développement tumoral témoigne ainsi des modifications architecturales survenant au cours de l'évolution tumorale. Au cours du premier stade de développement (J7), nous observons une zone diffuse. Cette zone diffuse correspond en fait à une zone de prolifération et d'invasion des cellules tumorales implantées au sein de l'hémisphère cérébral. Au cours du stade suivant (J9), une masse tumorale compacte se forme, entourée d'une zone péritumorale possédant les mêmes propriétés spectrales que la zone diffuse initiale. En effet le GBM représente la tumeur cérébrale la plus maligne et agressive, prolifère rapidement et envahit le parenchyme cérébral sain. La surexpression de Ki-67 et MT1-MMP, marqueurs respectifs de la prolifération et de l'invasion, a déjà été démontrée au sein cette zone péritumorale dans nos études précédentes (Amharref et al.,

2007). Au cours de l'évolution tumorale, on note une augmentation croissante de la masse tumorale ainsi que de la zone péritumorale témoignant ainsi des propriétés de prolifération et d'invasion de ces structures. Les stades de développement suivant (J12 et J15) mettent en évidence l'apparition et le développement des zones nécrotique et périnécrotique caractéristiques des GBM. Enfin, les derniers stades de développement (J19 etJ23) font apparaître un tissu particulier au sein de la masse tumorale, cette structure finit au cours du dernier stade d'évolution par occuper tout le volume tumoral témoignant ainsi de la différenciation tissulaire qui s'opère au cours des derniers stades d'évolution. De plus le dernier stade de développement met en évidence une diminution marquée de la zone péritumorale suggérant ainsi la fin annoncée du processus d'évolution tumorale.

Généralement, le développement tumoral se caractérise par une diminution du contenu lipidique total. Cette diminution des lipides dans le tissu tumoral peut s'expliquer par la croissance rapide des cellules tumorales qui ont besoin d'énergie (Kneipp et al., 2000). D'ailleurs les concentrations importantes d'ADN retrouvées au sein du tissu tumoral sont le témoin de cette croissance cellulaire importante (Wang et al., 2003). Le centre de la zone nécrotique ne présente quant à lui aucune trace d'ADN, faisant de ce dernier un marqueur tumoral efficace. Toutefois notre étude met en évidence la présence de sphingomyéline, d'acide oléique et de galactocérébroside associée au développement tumoral. En effet, des changements de contenu en lipides et phospholipides observés dans les GBM ont déjà été démontrés. Une augmentation des esters de cholestérol (cholestérol oleate et linoleate) a été rapportée dans les gliomes (Koljenovic et al., 2002). D'autre part, des études ont montrées que l'identification des changements de concentration lipidiques est un critère important pour classer, déterminer le grade tumoral et ainsi établir un pronostic (Steiner et al., 2003), (Krafft et al., 2006).

Ainsi, l'étude du développement tumoral met en évidence à toutes les étapes de cette évolution, la présence d'acide oléique, retrouvé en proportion importante au sein du tissu tumoral et absent de la zone nécrotique. Ces observations sont en accord avec la littérature ainsi que nos travaux précédents et la présence de ce composé est attribué à la croissance tumoral rapide (Lombardi et al., 1997), (Zoula et al., 2003). D'autre part, une étude réalisée en 1994 a démontré que l'injection de liposomes contenant de l'acide oléique chez des rats porteurs de GBM multiplie par 4 le volume tumoral, suggérant ainsi le rôle de cette molécule dans la prolifération tumorale (Werthle et al., 1994).Ces observations sont en accord avec nos résultats qui font apparaître une quantité importante d'acide oléique, visible notamment au

Partie III : Evolution tumorale

cours du 2èmé stade d'évolution (J9) et suggérant une prolifération accrue de la tumeur dans les premières étapes de l'évolution.

Le galactocérébroside, marqueur de la matière blanche est retrouvé principalement dans le corps calleux et la commissure blanche antérieure, néanmoins dans cette étude, des concentrations élevées de ce composé ont été retrouvées au centre de la nécrose dans les derniers stades de développement tumoral. Ces résultats sont en accord avec ceux retrouvés dans la littérature, puisque la présence de galactocérébroside a été démontré dans les GBM humains (Gjerset et al., 1995). De plus Nagamatsu et *al* ont montré que certains clones cellulaires obtenus à partir d'une lignée de cellules C6 synthétisaient du galactocérébroside (Coyle, 1995), (Nagamatsu et al., 1996).

Nos résultats mettent également en évidence la présence de sphingomyéline au sein de la zone tumorale, toutefois nous notons l'absence de cette molécule au cours du tout premier stade de développement ainsi que du dernier stade. Ces résultats mettent en évidence le caractère particulier de ce marqueur. D'autres études ont mis en évidence tout l'intérêt de la quantification de la sphingomyéline dans la différenciation du type tumoral mais également dans la discrimination des gliomes primaires et secondaires reflétant ainsi l'évolution du métabolisme tumoral au cours du développement de la tumeur. En effet, il a été démontré que la quantité de sphingomyéline était beaucoup plus faible dans un GBM primaire que dans un astrocytome primaire et cette tendance est retrouvée lorsque des échantillons d'astrocytome primaire et récurrents sont comparés (Lehnhardt et al., 2001). Les résultats obtenus pour le 19ème jours de développement mettent en évidence une diminution de la proportion en sphingomyéline au sein du tissu particulier représenté par le cluster 10 caractéristique des deux derniers stades de développement étudiés. La disparition de la sphingomyéline correspond à la modification du tissu tumoral observé au cours des 19ème et 23ème jours de développement où une différenciation du tissu tumoral était observée (cluster 10). Ce travail démontre bien que les images obtenues par MIR-TF repose sur des bases biochimiques qui sont à l'origine des modifications observées au cours de l'évolution tumorale.

Dans un second temps, nous nous sommes attaché à déterminer l'influence de ces modifications sur la distribution tissulaire du médicament. Pour se faire, la pharmacocinétique intratumorale du méthotrexate (MTX), choisi comme molécule type, a été étudiée par microdialyse pour les mêmes stades de développement tumoral que ceux réalisés pour l'étude par imagerie spectrale. L'application de la microdialyse à l'étude de l'évolution des concentrations libres du médicament a permis de caractériser la distribution d'agents

Partie III : Evolution tumorale

anticancéreux dans le tissu tumoral dans des modèles animaux (Zamboni *et al.* 2002 ; Ma *et al.* 2003, 2001) mais également chez le patient (Zamboni *et al.* 2002 ; Ekström *et al.* 1997).

La cinétique plasmatique, la distribution tissulaire et le métabolisme du méthotrexate chez le Rat et l'Homme sont comparables (Miglioli *et al.* 1985) faisant du Rat l'espèce de choix pour ces investigations. Le débit de perfusion des sondes de microdialyse et le temps de recueil des dialysats ont, quant à eux, été choisis afin de disposer d'un volume d'échantillon suffisant pour l'analyse. L'hémorragie présente le long du trajet de la sonde n'apparaît pas avoir de conséquences significatives sur les résultats obtenus, aucune relation n'ayant pu être mise en évidence entre la présence et/ou la sévérité de l'hémorragie et les concentrations de méthotrexate retrouvées dans le liquide extracellulaire des tumeurs.

Le stade de développement du gliome C6 n'affecte pas les paramètres pharmacocinétiques plasmatiques du méthotrexate. De plus, le fait que les valeurs de ces paramètres soient similaires à celles déterminées chez l'animal sain (Bremnes *et al.* 1989 ; Devineni *et al.* 1996) semble indiquer que la présence du gliome C6 n'affecte pas significativement la cinétique plasmatique du méthotrexate.

Les faibles valeurs des rendements *in vivo* déterminés pour chaque stade de développement sont sans doute dus au débit de perfusion élevé des sondes de microdialyse. Ces résultats sont en accords avec ceux obtenus lors d'études précédentes (Dukic *et al.* 1999). Les modifications du rendement *in vivo* de microdialyse au cours de la croissance tumorale ne sont pas significatives, mais font apparaître une augmentation importante de sa variabilité avec l'augmentation du stade de développement. Cette variabilité est sans doute le fait d'une évolution hétérogène du tissu tumoral. Le développement d'une zone de nécrose autour de la sonde peut engendrer des perturbations des échanges entre tissu tumoral et réseau vasculaire.

Les concentrations de MTX dans le liquide extracellulaire tumoral sont considérablement plus faibles que celles mesurées dans le plasma. Cette différence de concentration entre les deux milieux résulterait du degré d'ionisation de l'anticancéreux au pH physiologique, d'une perméabilité limitée de la B.H.T. et traduirait le fait que les clairances d'entrée et de sortie du méthotrexate soient différentes. La pénétration du méthotrexate dans le liquide extracellulaire tumoral, exprimée comme le rapport $AUC_{LEC}/AUC_{Plasma\ total}$, est sujette à une importante variabilité interindividuelle et ne varie pas en fonction du stade de développement de la tumeur. Cette pénétration, dans le tissu tumoral, apparaît rapide, confirmant ainsi que, pour les molécules hydrophiles (log $P = -1,85$), un équilibre entre les

Partie III : Evolution tumorale

concentrations dans le sang et le tissu cérébral puisse être rapidement obtenu (de Lange *et al.* 1995 ; Devineni *et al.* 1996 ; Hammarlund-Udenaes *et al.* 1997). Cependant, les profils d'évolution des concentrations de MTX libre dans le tissu tumoral font apparaître une diminution significative de la vitesse de pénétration du MTX dans le tissu tumoral. De même, l'élimination du MTX à partir du tissu tumoral est significativement retardée au cours de l'évolution tumoral. Ces modifications des profils d'évolution du MTX au sein du tissu tumoral pourraient être liées aux modifications tissulaires induites par le développement tumoral. En effet à partir du 12 ème jours de développement, on note une augmentation signifiative du T_{max}, témoin d'une distribution retardée du MTX. Cette augmentation du T_{max} peut être reliée à une diminution de la vascularisation au niveau du centre de la tumeur comme en témoigne l'apparition d'une zone prénécrotique, clairement observée sur les images obtenues par imagerie MIR-TF. Ce phénomène est amplifié lors du développement de la zone nécrotique. En effet, le développement de cette zone induit une augmentation de la distance entre la sonde et le tissu tumoral vascularisé, à partir du quel diffuse le médicament. De plus, une fois diffusé au sein de cette zone nécrotique, le médicament s'élimine plus difficilement entraînant une augmentation de la demi-vie du MTX au sein du tissu tumoral. Enfin, d'autres mécanismes peuvent également modifier la pénétration, la distribution du médicament au sein du tissu tumoral et son élimination à partir de celui-ci. En effet, les résultats des études histologiques, réalisées lors de ces études, font apparaître un tissu tumoral qui présente des zones d'inflammation et œdémateuse ainsi qu'une vascularisation hétérogène. En effet nos premières études réalisés par spectroscopie Raman ont fait apparaître une composante sanguine marquée témoin d'une vascularisation plus importante dans la zone de prolifération tumorale (Amharref et al., 2007).

En conclusion, si le développement tumoral ne modifie pas la pharmacocinétique plasmatique du MTX le devenir du médicament dans le tissu tumoral est perturbé. En effet, le développement d'une zone de nécrose au niveau du site de prélèvement induit des modifications importantes des profils des concentrations mesurées dans le tissu tumoral. Ainsi ces résultats font apparaître toute l'importance de l'évolution du tissu tumoral sur le comportement du médicament.

PARTIE IV: Développement de la spectroscopie Raman intra vitale sur le petit animal dans l'étude de la progression tumorale

IV 1 INTRODUCTION

Nous avons mis en évidence, dans les parties expérimentales précédentes, le potentiel des microspectroscopies Raman et IR dans la détection de désordre pathologique tel que le gliome. Ces techniques vibrationnelles ont permis d'obtenir des informations sur la structure et la composition des tissus et également de distinguer, *ex vivo*, tissus sain et pathologique, de caractériser les structures cérébrales saines et les différentes structures tumorales. De plus nous avons pu suivre par imagerie IR l'évolution tumorale et les modifications architecturales et biochimiques induites par le développement du gliome. La spectroscopie Raman présente un avantage intrinsèque sur la spectroscopie IR en ce qui concerne les échantillons biologiques, principalement dû à la faible diffusion de l'eau. A cet effet, une proportion significative d'applications IR s'est concentrée sur des études cellulaires et tissulaires *in vitro*, alors qu'en Raman, la tendance est plutôt aux études diagnostiques *in vivo*.

Ces dernières années, des avancées technologiques importantes ont été réalisées au niveau de l'instrumentation utilisée en IR et Raman, afin de permettre ainsi le développement de ces technologies en clinique. Ces développements techniques incluent de nouveaux lasers avec une échelle de longueurs d'onde d'excitation plus large, des logiciels informatiques dédiés à la collecte et au traitement des données plus sophistiqués, de nouveaux dispositifs photoniques plus performants (détecteurs CCD, filtres holographiques, sondes et fibres optiques) ainsi que de nouveaux instruments perfectionnés (microscope Raman confocal, spectroscopie Raman à transformée de Fourier et imagerie Raman). (Mulvaney and Keating, 2000), (Utzinger and Richards-Kortum, 2003), (Lyon et al., 1998). De ce fait, l'utilisation des micro- et macro-échantillons devient possible pour les mesures tissulaires, aussi bien que les mesures *in vivo* en temps réel pour à peu près toutes les parties du corps, permettant ainsi les applications diagnostiques dans le champ clinique.

Dans cette partie, nous nous sommes attachés à confirmer *in vivo* les résultats obtenus au cours des travaux expérimentaux précédemment réalisés *in vitro*, sur un modèle de gliome

Partie IV : Etude in vivo

C6. Ainsi, nous avons développé une technique de spectroscopie Raman intravitale sur le petit animal. Pour cela nous avons d'abord cherché à différencier tissu sain, tissu tumoral et péritumoral à partir de prélèvements tissulaires frais. Nous avons ensuite réalisé un suivi *in vivo* du développement tumoral. Une meilleure identification de la zone tumorale et plus particulièrement péritumorale ainsi qu'une meilleure connaissance des processus impliqués dans le développement tumoral, *in vivo*, devrait permettre dans un futur proche, la mise en œuvre de moyens thérapeutiques plus adéquats et efficaces ainsi qu'un meilleur diagnostic clinique.

IV.2. CARACTERISATION TISSULAIRE ET ETUDE DU DEVELOPPEMENT TUMORAL, *in vivo*.

Cette étude est divisée en deux parties. Dans une première partie, les différentes structures saines et tumorales ont été recherchées *ex-vivo*, afin d'identifier les marqueurs spectroscopiques associés à chaque tissu. Dans une deuxième partie, une étude de la faisabilité du suivi *in vivo* du développement tumoral sur une période de 20 jours, a été réalisée sur un modèle de gliome C6 développé chez le Rat.

IV.2.1. INSTRUMENTATION

IV.2.1.1. Spectromètre Raman *in vivo*

Les spectres Raman sont enregistrés à l'aide du spectromètre Raman Axial (DILOR, Lille, France) (*Figure 1*).

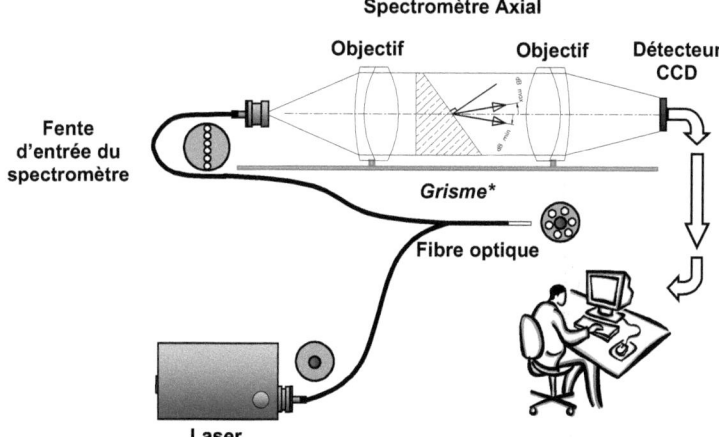

Figure 1 : Schéma du spectromètre Raman axial d'après (Tfayli et al., 2007)

Ce spectromètre Raman est constitué de quatre parties distinctes :
- ✓ Une source d'excitation,
- ✓ Une fibre optique,
- ✓ Un système dispersif
- ✓ Un détecteur (*Figure 2*).

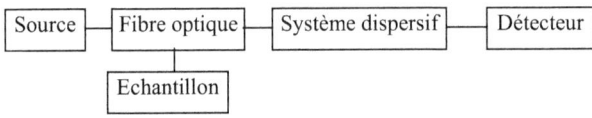

Figure 2 : Représentation schématique du spectromètre.

IV.2.1.1.1 . La source d'excitation

La source d'excitation consiste en un laser à diode qui délivre une excitation 785 nm. L'excitation, à cette longueur d'onde, offre différents avantages notamment d'éviter les interférences dues à la fluorescence du matériel biologique. Le laser est ensuite envoyé sur l'échantillon au moyen d'une fibre optique. Cette fibre collecte alors la diffusion Raman et la transmet au spectromètre.

IV.2.1.1.2. La fibre optique

Elle est constituée d'une fibre centrale de diamètre 400 µm qui délivre un faisceau laser sur l'échantillon à analyser et de 9 fibres périphériques de diamètre 200 µm pour collecter la diffusion Raman qui est ensuite transmise au spectromètre. Les 9 fibres forment une fente 6,35 mm à l'entrée du spectromètre. Cette fibre mesure 1,5 m de longueur et est enrobée par une gaine de protection. Le bout de la fibre forme une aiguille de diamètre 1,65 mm et de longueur 25 mm. Cette fibre est conçue avec un matériel constitué de silice possédant une bonne transmission dans le proche infrarouge.

IV.2.1.1.3. Les filtres optiques

IV.2.1.1.3.1. Le filtre interférentiel

Un filtre interférentiel est placé à la sortie du laser. Il élimine les raies parasites et ne laisse passer que l'excitatrice à 785 nm

IV.2.1.1.3.2. Le filtre Notch

La diffusion Raman est plus faible, d'au moins six ordres de grandeur, par rapport à la diffusion Rayleigh. Sans un filtrage de cette diffusion Rayleigh approprié, le détecteur serait « ébloui » et toute détection du faible signal Raman serait impossible. C'est pourquoi un filtre Notch est utilisé (filtre coupe bande), ce filtre permet d'éliminer la raie excitatrice laser (réflexion) et la diffusion Rayleigh de même longueur d'onde que l'excitatrice.

IV.2.1.1.4. Le système dispersif

Dans notre étude, nous avons utilisé un réseau holographique 600 traits/mm offrant un domaine spectral de 2000 cm^{-1} avec une résolution spectrale de l'ordre de 6-8 cm^{-1}. De plus, ce réseau est adapté au proche infrarouge ce qui permet d'obtenir une bonne résolution spectrale avec un meilleur rapport signal/bruit.

IV.2.1.1.5. Le détecteur

Le spectromètre comprend un *détecteur CCD* (Charge-Coupled-Device) ou "Dispositif à Transfert de Charges" (CCD detector Peltier 1024*256, 16 bits dynamiques). Ce détecteur est refroidi par effet Peltier.

IV.2.1.1.6. Le logiciel d'acquisition

Le logiciel d'acquisition et de traitement utilisé est Labspec version 4 (Dilor, Lille, France). Il permet :

- ✓ le réglage des paramètres d'acquisition des spectres : choix du domaine spectral, temps d'acquisition et nombre d'accumulations.

- ✓ le traitement des spectres : correction de la ligne de base (élimine les effets de fluorescence), lissage et élimination des raies parasites, normalisation et réalisation des opérations (addition, soustraction, multiplication), le calcul de la dérivée.

IV.2.1.2. Méthodes de traitement des données

Avant de procéder à l'analyse statistique, il convient d'être sûr que le signal obtenu provienne essentiellement de l'échantillon étudié et qu'il soit indépendant de l'appareillage et de son environnement. Ainsi, plusieurs corrections ont été effectuées telles que la soustraction des informations provenant de la sonde et de l'environnement de l'appareil, la correction de réponse de l'appareil, la calibration des nombres d'onde essentielle à la comparaison des données obtenues. De même, des mesures spectrales ont été réalisées à partir de produits de références afin de s'assurer de la bonne reproductibilité de nos expériences.

IV.2.1.2.1. Classification hiérarchique

Cette classification consiste à procéder, de manière séquentielle, à un regroupement des objets étudiés en classes ou clusters emboîtés. La classe de chaque spectre est prédite en calculant la distance euclidienne entre ce spectre et un certain nombre de spectres de référence et en le classant avec le groupe le plus proche. La classification peut-être :

- ✓ *supervisée :* les catégories (ou classes) sont connues à priori. Elles ont en général un sens pour l'utilisateur.

- ✓ *non supervisée :* les classes sont fondées sur la structure propre de l'ensemble des objets (proximités).

Dans cette étude nous avons utilisé une classification hiérarchique non supervisée pour analyser les groupes de spectres. Les résultats obtenus se présentent sous forme de dendrogramme. Tous les prétraitements et traitements mathématiques et statistiques des données spectrales sont effectués à l'aide du logiciel MATLAB (Version 7.02, MathWorks, Inc., Matick, USA).

IV.2.2. IDENTIFICATION DES STRUCTURES SAINES ET TUMORALES

Dans un premier temps, l'identification des structures saines et tumorales a été réalisée *ex vivo* sur des macro-échantillons, afin d'établir une « banque de données spectrales » qui nous servira de base par la suite lors des études *in vivo*.

IV.2.2.1. Analyse *ex vivo*

IV 2.2.1.1 Protocole expérimental

IV.2.2.1.1.1. Modèle de tumeur

Le modèle de gliome C6 développé chez le Rat est obtenu par injection stéréotaxique de cellules tumorales selon la méthode décrite précédemment.

IV.2.2.1.1.2. Prélèvements tissulaires

Les prélèvements tissulaires sont effectués sur 3 rats sains et sur 3 rats porteurs d'un gliome C6 (*Figure 3*). Les animaux présentant un gliome sont sacrifiés 20 jours après l'injection des cellules C6.

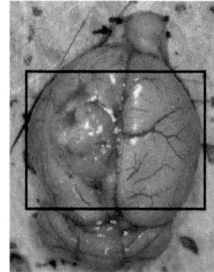 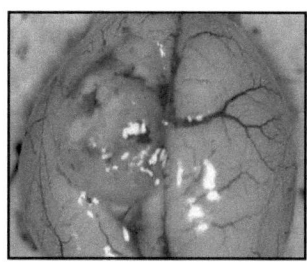

Figure 3 : Cerveau présentant un gliome C6 après 20 jours de développement tumoral

Les cerveaux sont alors prélevés et deux macro-coupes de 2 mm d'épaisseur sont réalisées à l'aide d'un slicer (Harvard apparatus, Les Ulis, France) afin de prélever la zone comprenant la tumeur (*Figure 4*).

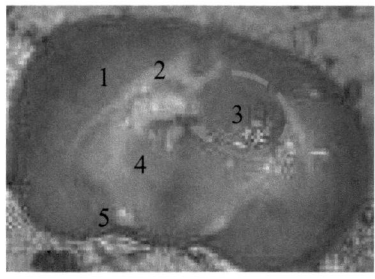

(1) Cortex
(2) Corps calleux
(3) Zone tumorale
(4) Noyau caudé
(5) Commissure blanche

Figure 4 : Macro-échantillon frais présentant un gliome C6 (ellipse rouge)

Ces macro échantillons sont ensuite nettoyés afin d'éliminer le sang qui pourrait engendrer une saturation du signal Raman. Les mesures sont alors effectuées directement sur ces macro-échantillons frais à l'aide de la sonde Raman.

Dans un premier temps, les mesures spectrales sont effectuées de manière « dirigée », de telle sorte que nous puissions déterminer les signatures spectrales de chaque structures cérébrales saines telles que celles observées sur la *figure 5*. Des mesures sont effectuées de la même manière au sein et en périphérie du tissu tumoral. Ces spectres constitueront les

Partie IV : Etude in vivo

spectres de références permettant la réalisation de la classification hiérarchique. Par la suite, plusieurs séries de spectres sont réalisées de manière « non dirigée » et une classification hiérarchique non supervisée est réalisée afin d'analyser les groupes de spectres.

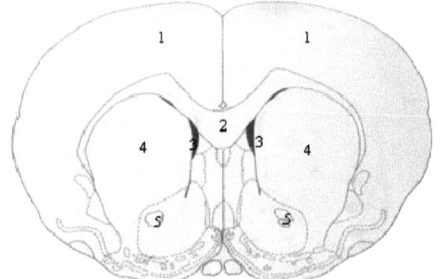

(1) Cortex fronto-pariétal
(2) Corps Calleux
(3) Ventricule latéral
(4) Noyau caudé
(5) Commissure Blanche

Figure 5 : Schéma présentant les différentes structures observées sur une coupe de cerveau de rat

IV.2.3. SUIVI DU DEVELOPPEMENT TUMORAL *in vivo*

Le suivi du développement tumoral est étudié ici afin de déterminer la faisabilité de la technique utilisant la sonde Raman, *in vivo,* sur l'animal. Une comparaison de ces résultats avec ceux obtenus *ex vivo* sera réalisée. Les mesures spectroscopiques sont réalisées sur l'animal anesthésié et les données sont collectées tous les deux ou trois jours sur une période de 20 jours.

IV.2.3.1. Analyse *in vivo*

Trois rats mâles Wistar sont utilisés pour cette étude. Le modèle de tumeur utilisé dans cette étude est un modèle de gliome C6 développé chez le Rat. Les animaux sont anesthésiés à l'isoflurane, une incision caudo-rostrale est réalisée et un trou de 6 mm de diamètre est réalisé dans l'os du crâne (3 mm à droite de la suture sagittale et 1 mm en avant de la suture fronto-pariétale) afin de permettre l'injection de cellules tumorales C6 et l'utilisation d'une fibre Raman pour la réalisation des mesures (*Figure 6*). L'injection des cellules tumorales C6 est réalisée à 1 mm de profondeur au centre du trou réalisé dans l'os. Deux autres trous sont réalisés afin de permettre la fixation sur l'os d'un dispositif permettant de refermer d'obturer le trou réalisé dans l'os. Ce dispositif est percé en son centre d'un trou de 5 mm de diamètre qui peut être fermé à l'aide d'une vis (*Figure 7*).

Partie IV : Etude in vivo

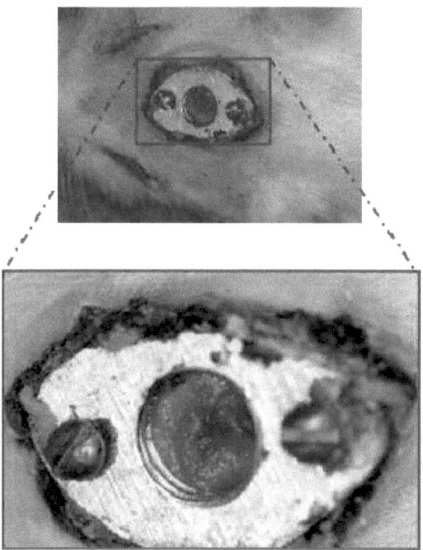

Figure 6 : Montage expérimental présentant la zone d'acquisition spectrale

Les mesures spectroscopiques sont effectuées tous les deux ou trois jours au cours du développement tumoral, afin de réaliser un suivi de l'évolution des tumeurs. On procède ensuite comme pour l'étude *ex vivo* à une classification hiérarchique des données obtenues.

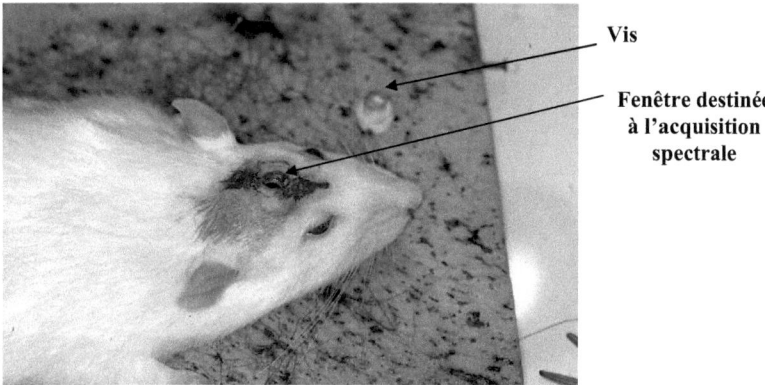

Figure 7 : Montage expérimental présentant la vis permettant de refermer l'ouverture réalisée pour les acquisitions spectrales

Une fois les mesures réalisées, la fenêtre destinée à l'acquisition spectrale est refermée à l'aide de la vis et les animaux sont replacés dans leur cage jusqu'à la mesure suivante.

Partie IV : Etude in vivo

IV.3. RESULTATS

IV.3.1. Etude du cerveau sain *ex vivo*

La première partie du travail consiste à comparer les spectres enregistrés, *ex vivo,* sur les différentes structures du tissu sain (***Figure 8***).

Les structures correspondant à la substance blanche, représentées ici par le corps calleux et la commissure blanche antérieure, sont des zones de communications inter et intra hémisphériques assurant le transfert d'information d'un hémisphère à l'autre, apparaissent en rouge. Le cortex, structure la plus externe du tissu cérébral, et le noyau caudé correspondent en revanche à des zones de substance grise.

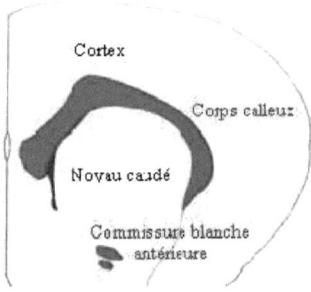

Figure 8 : Schéma représentant les structures cérébrales présentes au niveau du site d'injection des cellules tumorales.

Plusieurs spectres associés à chaque structure sont mesurés dans les mêmes conditions. La *figure 9* présente le résultat obtenu après classification hiérarchique des données obtenues à partir du tissu sain. Le dendrogramme, ainsi réalisé, met en évidence deux groupes principaux correspondant aux zones de substance grise, où prédominent les neurones pauvres en myéline, et la zone de substance blanche, où prédominent les faisceaux d'axones riches en myéline. Ce résultat permet également une bonne discrimination entre les différentes structures cérébrales. Ainsi une distinction claire est obtenue entre les spectres enregistrés au niveau du corps calleux (matière blanche) et ceux enregistrés au niveau du noyau caudé ainsi que du cortex (matière grise). En effet, comme le montre le dendrogramme, le noyau caudé est une structure qui présente des caractéristiques communes à la fois au corps calleux et au cortex. Il s'agit en fait d'une structure constituée principalement de matière grise qui présente une faible proportion de matière blanche en son centre.

Partie IV : Etude in vivo

Le groupe nommé « corps calleux » regroupe à la fois les spectres issus du corps calleux et de la commissure blanche puisque ces deux structures présentent une composition biochimique identique. Toutefois le corps calleux étant la structure la plus importante sur nos échantillons nous avons conservé ce terme pour désigner le groupe caractéristique de la matière blanche.

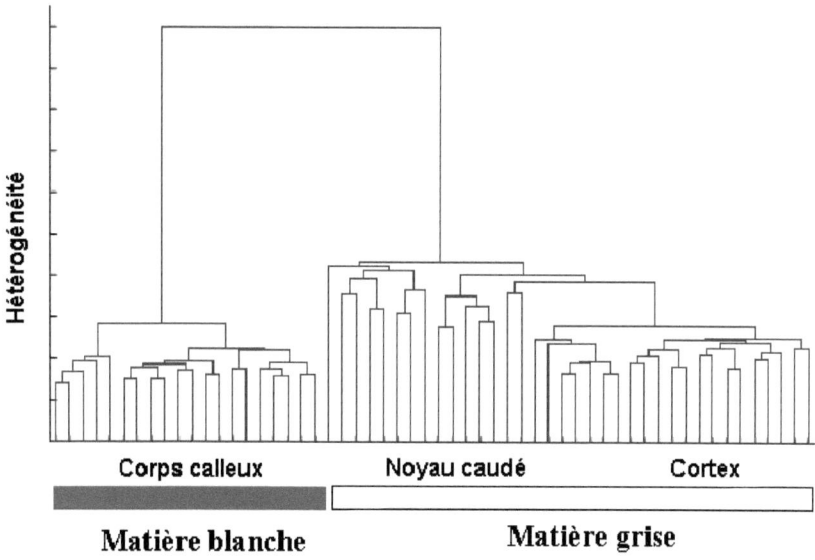

Figure 9: Dendrogramme présentant la discrimination entre matière blanche et matière grise

D'autre part, l'analyse des spectres moyens issus des deux groupes constitués par la matière blanche et la matière grise montre une différence importante en terme d'hétérogénéité.

IV.3.2. Comparaison entre tissu sain et tumeur *ex vivo*

Une fois l'étude des structures cérébrales saines réalisée, nous nous sommes attachés à l'étude du tissu tumoral et de sa périphérie. Vingt jours après l'inoculation des cellules tumorales C6, les animaux sont sacrifiés, les cerveaux extraits et des macro-échantillons de 2 mm d'épaisseur sont réalisés. Les mesures spectrales sont alors enregistrées au niveau des zones tumorales et comparées avec celles obtenues à partir des différentes structures saines. Le dendrogramme (*Figure 10*) met en évidence deux classes qui présentent une hétérogénéité importante. D'une part, les données associées au tissu sain et d'autre part celles associées à la tumeur. La classification des tissus cérébraux sains est conservée dans cette étude.

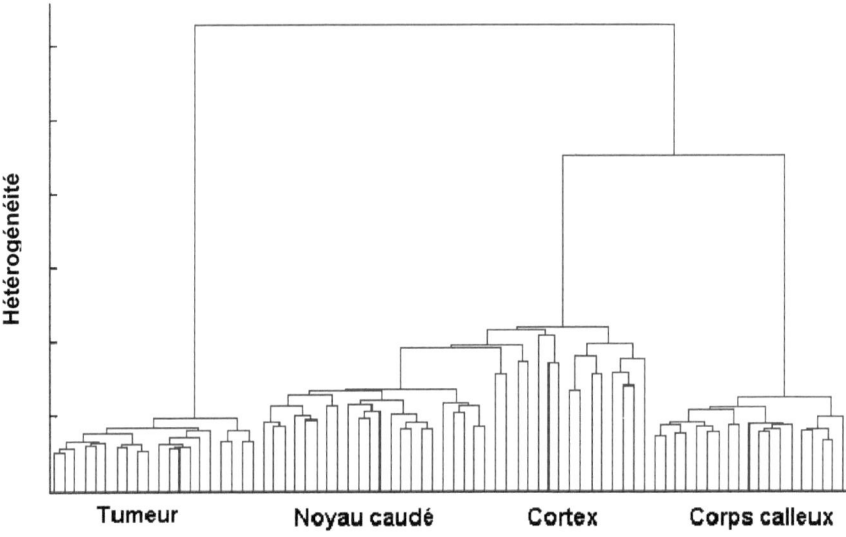

Figure 10 : Dendrogramme présentant la discrimination entre tissu sain et tumeur

L'analyse des spectres moyens issus des groupes présentés sur le dendrogramme permet de caractériser les modifications spectrales associées au développement de la tumeur. La comparaison de ces spectres révèle des différences présentées *Figure 11*.

On note ainsi :

> - une diminution d'intensité de la bande à 1300 cm^{-1}, associée à la myéline. Cette bande, est présente dans le spectre caractéristique du corps calleux et diminue dans le noyau caudé ainsi que dans le cortex (pauvre en myéline) et disparaît dans la tumeur. Cette bande caractéristique du contenu en myéline peut être utilisé comme marqueur permettant de discriminer la matière blanche et la matière grise.
> - une bande à 1550 cm^{-1} présente uniquement dans le spectre moyen du tissu tumoral. Cette bande n'existe pas dans les spectres des tissus sains et peut donc servir comme marqueur du tissu tumoral permettant de discriminer le tissu tumoral du tissu sain.

Partie IV : Etude in vivo

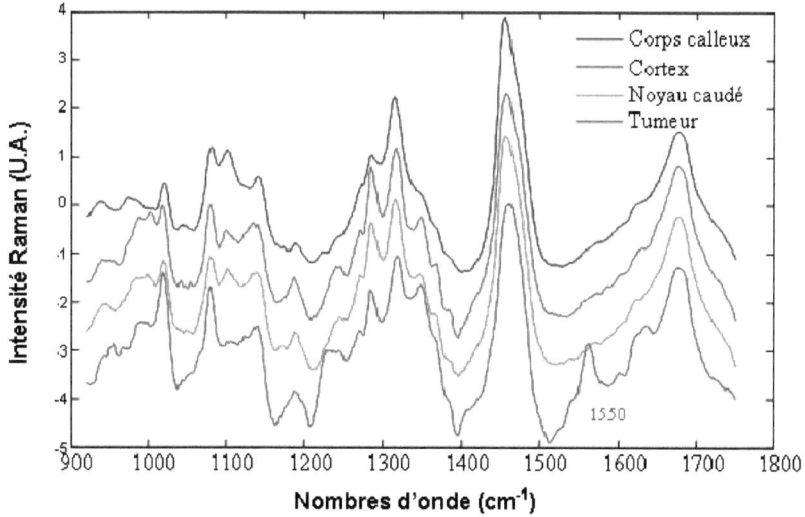

Figure 11 : Spectres moyens extraits à partir des structures cérébrales saines et de la tumeur

IV.3.3. Identification *ex vivo* de la zone péritumorale

L'étude porte ici sur la zone de transition entre le tissu tumoral et le tissu sain. Cette transition est difficilement décelable à l'aide des méthodes morphologiques classiques.

Les spectres obtenus à partir du tissu sain, du tissu tumoral et de la zone de transition sont comparés pour caractériser les altérations induites par le processus pathologique. Le dendrogramme décrit une discrimination claire entre le tissu sain (cortex), la tumeur ainsi que la zone péritumorale (*Figure 12*).

IV.3.4. Suivi de la tumeur au cours de son développement

Des mesures spectroscopiques sont effectuées, tous les deux ou trois jours à la surface de l'encéphale du rat afin de réaliser un suivi régulier de l'évolution tissulaire au niveau du site d'injection des cellules de gliome C6. Le dendrogramme nous montre la classification des données enregistrées de J1 à J20 en trois groupes (*Figure 13*) :

> ➢ le premier groupe est formé par les spectres enregistrés à J1 (un jour après injection des cellules tumorales). Cela s'explique par le fait que les cellules C6 qui ne forment pas encore un tissu sont situées à 1 mm de profondeur et les mesures réalisées ne rendent compte que du tissu sain.

Partie IV : Etude in vivo

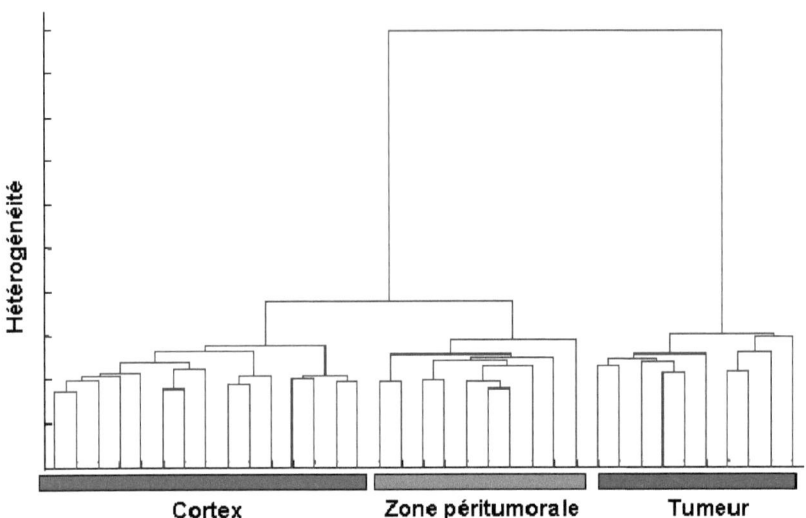

Figure 12 : Dendrogramme présentant la discrimination entre tissu sain, tumeur et zone péritumorale

- Le deuxième groupe comprend les spectres enregistrés de J4 à J18 pendant la période de l'évolution de la tumeur.
  - A l'intérieur de ce groupe, on peut identifier 3 sous-groupes sont séparés. Un premier sous-groupe est constitué par les spectres obtenus aux cours des premiers jours (J4, J6) correspondant aux premiers stades de développement du gliome. Un second groupe correspondant aux mesures réalisées pour le 8ème et le 13ème jour séparé. Enfin un troisième sous-groupe, correspondant aux spectres mesurés les 15ème et 18ème jours de développement du gliome est individualisé.
- Le dernier groupe est constitué par les spectres mesurés *in vivo* et *ex vivo* après 20 jours de développement tumoral.

Partie IV : Etude in vivo

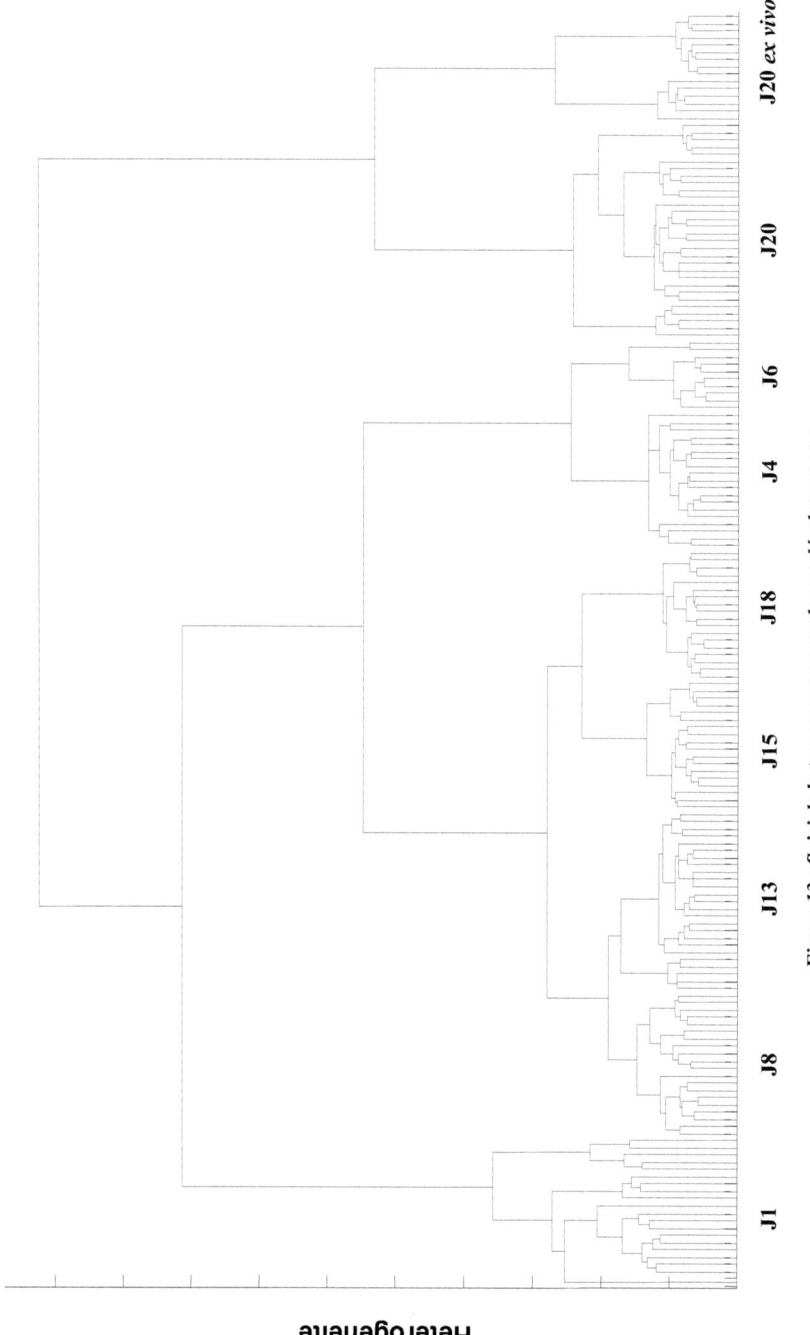

Figure 13 : Suivi de la tumeur au cours de son développement

IV.4. DISCUSSION

La spectroscopie Raman présente un avantage intrinsèque sur la spectroscopie IR en ce qui concerne les échantillons biologiques, principalement dû à la faible diffusion de l'eau. Cet avantage permet à la spectroscopie Raman d'être une technique de choix dans les études *in vivo* à visés diagnostiques et ou thérapeutiques. Toutefois, l'instrumentation en spectroscopie Raman est typiquement plus complexe qu'en spectroscopie IR (Krafft et al., 2004). Aussi, au cours de cette étude, nous avons utilisé un système de spectroscopie Raman intravitale afin de démontrer la faisabilité de nos travaux, *in vivo*.

L'utilisation d'une fibre optique couplée à un spectromètre Raman axial nous a permis d'effectuer des mesures spectrales sur des macro-échantillons de tissu frais, obtenus à partir de cerveaux de rat sain et de cerveau de rat porteur d'un gliome C6. L'utilisation de ce système Raman, intravital se révèle être un outil efficace dans la classification d'extrait cérébraux et tumoraux. En effet, l'application d'une méthode de classification hiérarchique a permis d'établir une distinction spécifique et sensible des différentes structures cérébrales ainsi que du tissu tumoral. Cette distinction est liée à la différence de composition lipidique existant entre la matière blanche qui présente une proportion importante en myéline et la matière grise, qui elle est pauvre en myéline. De la même manière, le tissu tumoral présente une composition lipidique moins importante que le tissu cérébral sain. Ces résultats sont donc en accord avec ceux obtenus au cours des études expérimentales précédentes menées sur la composition lipidiques de ces structures (Amharref et al., 2007).

De plus, nous avons également identifié la zone péritumorale difficilement identifiable sur le tissu frais à l'aide d'autres techniques. Cette zone correspond à des plages de tissu sain, ou supposé tel, dont certaines caractéristiques, identifiés par les techniques spectroscopiques, apparaissent modifiées. En effet, une tumeur maligne exerce une influence significative sur son environnement immédiat, et génère au sein de cet environnement des modifications structurales et/ou métaboliques. Ces modifications plus ou moins importantes pourraient traduire une capacité, plus ou moins forte, de la tumeur à s'étendre dans le tissu sain. En effet, on note en périphérie tumorale des modifications cellulaires et moléculaires impliquées dans l'invasion tumorale. La détection de cette zone à l'aide de la sonde Raman est un résultat majeur puisque cette zone est à l'origine des rechutes observées chez les patients présentant une tumeur gliale de haut grade mais également pour d'autres tumeurs. En effet, la présence de cette zone est également retrouvée dans certains cancers du sein par exemple (Haka et al.,

Partie IV : Etude in vivo

2006). Ce résultat démontre tout le potentiel de la spectroscopie Raman *in vivo* dans le domaine médical. En effet, cette technique pourrait apporter des informations au chirurgien lui permettant de mieux définir la zone d'exérèse chirurgicale soit par l'examen extemporané (pratiqué pendant l'opération) de prélèvements tissulaires soit par analyse directe *in situ* du tissu au cours de l'intervention (analyse interventionnelle)

D'autre part, nous avons pu suivre le développement tumoral sur une période de 20 jours, *in vivo*. Les résultats obtenus permettent la classification de la tumeur en fonction du stade de développement. De plus, Ce résultat confirme que cette technique d'analyse directe *in situ* apporte les mêmes informations que l'analyse *ex-vivo,* en effet les résultats obtenus à J20 pour les échantillons *ex vivo* et *in vivo* sont classés dans le même groupe *(figure 13)*. L'examen extemporané de prélèvements tissulaires n'apparaît donc pas nécessaire.

De plus, cette technique présente l'avantage de pouvoir classifier les lésions précoces, en effet la détection de dysplasie avant l'apparition de la masse tumorale est souvent synonyme de meilleur pronostic, ceci a d'ailleurs été démontré au cours d'application *in vivo* réalisées sur des prélèvements gastro-intestinaux mettant en évidence tout le potentiel de cette technique pour de futures applications cliniques (Shim et al., 2000).

Cette étude met ainsi en évidence tout le potentiel de l'utilisation de cette sonde dans le développement d'une méthode de diagnostic en temps réel. L'utilisation d'une telle sonde pourrait permettre, à long terme, d'améliorer le traitement chirurgical des gliomes mais et également de guider en temps réel la réalisation des biopsies. En effet, bien que les complications après des biopsies stéréotaxiques cérébrales soient rares, elles ne sont pas sans risques pour le patient. C'est pourquoi les biopsies guidées par une sonde Raman pourraient diminuer permettre de diminuer le nombre de biopsies réalisées. Ainsi, la spectroscopie Raman fournit des informations biochimiques sur différents tissus, mais elle pourrait être encore plus intéressante en utilisation de routine en raison de sa rapidité d'exécution, de sa simplicité et de son coût relativement faible.

En conclusion, le développement d'un système Raman compact et portable couplé à une fibre optique nous a permis de réaliser le suivi *in vivo* du développement tumoral, avec un rapport signal/bruit ainsi que des temps de mesure compatibles avec une utilisation en clinique. Si d'autres auteurs ont réalisés des études sur différents tissus (Shim and Wilson, 1997), (Shim et al., 1999) notre étude constitue, à notre connaissance, la première étude du développement d'une tumeur cérébrale par spectroscopie Raman intravitale. Cette étude représente un pas important dans le diagnostic optique et l'identification de tissu tumoral au niveau cérébral des études ont dores et déjà été menées sur différents tissus afin de déterminer l'efficacité et l'utilité de cette technique (Shim and Wilson, 1997), (Shim et al., 1999). De plus, des essais cliniques sont actuellement en cours pour la détection de certaines pathologies, le diagnostic différentiel, et afin d'aider au cours de la chirurgie et d'améliorer les stratégies thérapeutiques existantes (Haka et al., 2006)

Ainsi, les résultats obtenus au cours de cette étude indiquent que la spectroscopie Raman est une technique de choix dans l'amélioration de l'identification des marges tumorales au cours de l'intervention chirurgicale. Son utilisation en clinique pourrait, permettre à long terme, de réduire le nombre de rechutes survenant après exérèse chirurgicale. Cette technique pourrait également permettre de guider le clinicien lors de la réalisation de biopsie. Il existe de nombreux champs d'applications dans lesquels la spectroscopie Raman pourrait permettre une amélioration. En effet, les techniques optiques sont moins invasive que certaines procédures de diagnostic courantes. Ainsi, les résultats de cette étude suggèrent le potentiel de l'utilisation d'une fibre permettant les mesures conduisant au diagnostic. Contrairement aux techniques classiques de biopsie, les mesures spectroscopiques réalisées *via* cette sonde permettent un diagnostic immédiat.

Chapitre III

CONCLUSION GENERALE

CONCLUSION GENERALE ET PERSPECTIVES

L'application des spectroscopies vibrationnelles dans l'étude des tumeurs cérébrales présente un intérêt évident. Compte tenu de la gravité de cette pathologie, qui engage le pronostic vital à cours termes et de l'intérêt porté aux techniques de spectroscopies optiques dans les pathologies cancéreuses, ce travail a été entrepris afin d'identifier l'apport de ces techniques dans l'amélioration du traitement des tumeurs cérébrales.

Ainsi les techniques IR et Raman ont montré dans un premier temps leur intérêt dans la distinction, la classification et la gradation des différents types de tumeurs existantes permettant ainsi d'établir une prise en charge plus adéquate des tumeurs cérébrales. Ces résultats comparés aux examens histologiques standard et les applications potentielles de l'imagerie par spectroscopie IR et Raman, en complément des méthodes classiques de diagnostic, sont actuellement discutés.

Nos résultats ont également mis en évidence le potentiel des spectroscopies IR et Raman dans le diagnostic et le traitement des tumeurs cérébrales en explorant les différences existant entre des tissus cérébraux sains et des GBM. En effet, la mise en évidence des changements spécifiques entre les états pathologiques ainsi que l'identification des marqueurs spectroscopiques associés à la zone de transition entre le tissu tumoral et le tissu sain et en particulier aux propriétés de prolifération et d'invasion des gliomes pourrait apporter une aide dans le développement de nouvelles thérapeutiques. Ainsi, ces résultats montrent le potentiel des techniques de spectroscopies vibrationnelles dans l'identification et la caractérisation des changements moléculaires liés aux phénomènes d'invasion se produisant à la périphérie de la tumeur.

L'amélioration du traitement des tumeurs cérébrales implique également une meilleure connaissance de l'évolution tumorale et en particulier des modifications biochimiques et architecturales influençant considérablement la distribution et la diffusion des anticancéreux au sein du tissu tumorale (Dukic et al. 2004). En effet les informations apportées par ces techniques pourraient permettre de mieux appréhender le comportement du médicament au sein du parenchyme tumoral et cérébral. En effet, le comportement pharmacocinétique d'un anticancéreux est très largement conditionné par la nature du tissu et les informations

Conclusion générale

spectrales collectées au sein de ce tissu devraient permettre une mise en place des thérapeutiques médicamenteuses plus adéquates

L'utilisation d'une sonde représente une technique de choix pour améliorer l'évaluation des marges tumorales au cours de l'intervention chirurgicale. En effet le développement récent de systèmes Raman mobiles, capable de collecter des spectres *via* des fibres optiques en quelques secondes et ainsi de minimiser les artefacts de mouvements dus à la respiration et aux pulsations cardiaque, constitue un véritable pas en avant dans l'application de la spectroscopie Raman au secteur clinique.

Nous avons montré que les modifications structurales observées étaient majoritairement dues à des changements qualitatifs et quantitatifs du contenu lipidique pouvant être utilisés comme marqueurs spectroscopiques pour cette pathologie. Aussi, il serait judicieux de poursuivre les investigations liées à ces modifications, induites par le développement du gliome, mais cette fois de manière quantitative. Ainsi le développement d'un modèle permettant de quantifier la composition biochimique, par imagerie spectrale, nous permettrait de suivre ces modifications en terme de proportions des différents composants et donc de quantifier ces modifications. De plus, la mise en place d'un tel modèle présente un intérêt évident dans la détermination des effets induits par des agents anticancéreux sur la composition biochimique du tissu, *via* les variations quantitatives observées, et pourrait apporter des informations supplémentaires et plus précises pour une mise en place des thérapeutiques plus adéquates et efficaces dans le traitement des tumeurs cérébrales.

BIBLIOGRAPHIE

Bibliographie

Adt, I., Toubas, D., Pinon, J. M., Manfait, M., and Sockalingum, G. D. (2006). FTIR spectroscopy as a potential tool to analyse structural modifications during morphogenesis of Candida albicans. Arch Microbiol *185*, 277-285.

Amharref, N., Beljebbar, A., Dukic, S., Venteo, L., Schneider, L., Pluot, M., and Manfait, M. (2007). Discriminating healthy from tumor and necrosis tissue in rat brain tissue samples by Raman spectral imaging. Biochim Biophys Acta *1768*, 2605-2615.

Athanassiou, H., Synodinou, M., Maragoudakis, E., Paraskevaidis, M., Verigos, C., Misailidou, D., Antonadou, D., Saris, G., Beroukas, K., and Karageorgis, P. (2005). Randomized phase II study of temozolomide and radiotherapy compared with radiotherapy alone in newly diagnosed glioblastoma multiforme. J Clin Oncol *23*, 2372-2377.

Backlund, L. M., Nilsson, B. R., Liu, L., Ichimura, K., and Collins, V. P. (2005). Mutations in Rb1 pathway-related genes are associated with poor prognosis in anaplastic astrocytomas. Br J Cancer *93*, 124-130.

Bakker Schut, T. C., Witjes, M. J., Sterenborg, H. J., Speelman, O. C., Roodenburg, J. L., Marple, E. T., Bruining, H. A., and Puppels, G. J. (2000). In vivo detection of dysplastic tissue by Raman spectroscopy. Anal Chem *72*, 6010-6018.

Bambery, K. R., Schultke, E., Wood, B. R., Rigley MacDonald, S. T., Ataelmannan, K., Griebel, R. W., Juurlink, B. H., and McNaughton, D. (2006). A Fourier transform infrared microspectroscopic imaging investigation into an animal model exhibiting glioblastoma multiforme. Biochim Biophys Acta *1758*, 900-907.

Banerjee, H. N., and Zhang, L. (2007). Deciphering the finger prints of brain cancer astrocytoma in comparison to astrocytes by using near infrared Raman spectroscopy. Mol Cell Biochem *295*, 237-240.

Bauchet, L., Capelle, L., Stilhart, B., Guyotat, J., Pinelli, C., Roches, P., Barat, J. L., Loiseau, H., Wager, M., Gay, E., *et al.* (2004). [French neurosurgical practice in Neuro-Oncology (national survey--part I)]. Neurochirurgie *50*, 540-547.

Beauchesne, P., Soler, C., Boniol, M., and Schmitt, T. (2003). Response to a phase II study of concomitant-to-sequential use of etoposide and radiation therapy in newly diagnosed malignant gliomas. Am J Clin Oncol *26*, e22-27.

Behin, A., Hoang-Xuan, K., Carpentier, A. F., and Delattre, J. Y. (2003). Primary brain tumours in adults. Lancet *361*, 323-331.

Benda, P., Lightbody, J., Sato, G., Levine, L., and Sweet, W. (1968). Differentiated rat glial cell strain in tissue culture. Science *161*, 370-371.

Benouaich-Amiel, A., Simon, J. M., and Delattre, J. Y. (2005). [Concomitant radiotherapy with chemotherapy in patients with glioblastoma]. Bull Cancer *92*, 1065-1072.

Berger, M. S. (1995). Functional mapping-guided resection of low-grade gliomas. Clin Neurosurg *42*, 437-452.

Bigio, I. J., and Bown, S. G. (2004). Spectroscopic sensing of cancer and cancer therapy: current status of translational research. Cancer Biol Ther *3*, 259-267.

Bondza-Kibangou, P., Millot, C., Dufer, J., and Millot, J. M. (2001). Microspectrofluorometry of autofluorescence emission from human leukemic living cells under oxidative stress. Biol Cell *93*, 273-280.

Bonnier, F., Rubin, S., Venteo, L., Krishna, C. M., Pluot, M., Baehrel, B., Manfait, M., and Sockalingum, G. D. (2006). In-vitro analysis of normal and aneurismal human ascending aortic tissues using FT-IR microspectroscopy. Biochim Biophys Acta *1758*, 968-973.

Borlongan, C. V., and Emerich, D. F. (2003). Facilitation of drug entry into the CNS via transient permeation of blood brain barrier: laboratory and preliminary clinical evidence from bradykinin receptor agonist, Cereport. Brain Res Bull *60*, 297-306.

Boudouresque, F., Berthois, Y., Martin, P. M., Figarella-Branger, D., Chinot, O., and Ouafik, L. (2005). [Role of adrenomedullin in glioblastomas growth]. Bull Cancer *92*, 317-326.

Brandes, A. A., Tosoni, A., Basso, U., Reni, M., Valduga, F., Monfardini, S., Amista, P., Nicolardi, L., Sotti, G., and Ermani, M. (2004). Second-line chemotherapy with irinotecan plus carmustine in glioblastoma recurrent or progressive after first-line temozolomide chemotherapy: a phase II study of the Gruppo Italiano Cooperativo di Neuro-Oncologia (GICNO). J Clin Oncol *22*, 4779-4786.

Brem, H., Piantadosi, S., Burger, P. C., Walker, M., Selker, R., Vick, N. A., Black, K., Sisti, M., Brem, S., Mohr, G., and et al. (1995). Placebo-controlled trial of safety and efficacy of intraoperative controlled delivery by biodegradable polymers of chemotherapy for recurrent gliomas. The Polymer-brain Tumor Treatment Group. Lancet *345*, 1008-1012.

Bremnes RM, Slordal L, Wist E, Aarbakke J. Dose-dependent pharmacokinetics of methotrexate and 7- hydroxymethotrexate in the rat in vivo. Cancer Res, 1989, 49, 6359-6364.

Broniscer, A. (2006). Past, present, and future strategies in the treatment of high-grade glioma in children. Cancer Invest *24*, 77-81.

Buckner, J. C., Reid, J. M., Wright, K., Kaufmann, S. H., Erlichman, C., Ames, M., Cha, S., O'Fallon, J. R., Schaaf, L. J., and Miller, L. L. (2003). Irinotecan in the treatment of glioma patients: current and future studies of the North Central Cancer Treatment Group. Cancer *97*, 2352-2358.

Buschman, H. P., Marple, E. T., Wach, M. L., Bennett, B., Schut, T. C. B., Bruining, H. A., Bruschke, A. V., van der Laarse, A., and J., a. P. G. (2000). In Vivo Determination of the Molecular Composition of Artery Wall by Intravascular Raman Spectroscopy. Anal Chem *72*, 3771-3775.

Carpentier, A. F. (2005). [New therapeutic approaches in glioblastomas]. Bull Cancer *92*, 355-359.

Bibliographie

Caskey, L. S., Fuller, G. N., Bruner, J. M., Yung, W. K., Sawaya, R. E., Holland, E. C., and Zhang, W. (2000). Toward a molecular classification of the gliomas: histopathology, molecular genetics, and gene expression profiling. Histol Histopathol *15*, 971-981.

Caspers, P. J., Lucassen, G. W., Carter, E. A., Bruining, H. A., and Puppels, G. J. (2001). In vivo confocal Raman microspectroscopy of the skin: noninvasive determination of molecular concentration profiles. J Invest Dermatol *116*, 434-442.

Chamberlain, M. C., and Kormanik, P. A. (1997). Salvage chemotherapy with paclitaxel for recurrent oligodendrogliomas. J Clin Oncol *15*, 3427-3432.

Chang, S. M., Lamborn, K. R., Malec, M., Larson, D., Wara, W., Sneed, P., Rabbitt, J., Page, M., Nicholas, M. K., and Prados, M. D. (2004). Phase II study of temozolomide and thalidomide with radiation therapy for newly diagnosed glioblastoma multiforme. Int J Radiat Oncol Biol Phys *60*, 353-357.

Chauvier, D., Kegelaer, G., Morjani, H., and Manfait, M. (2002). Reversal of multidrug resistance-associated protein-mediated daunorubicin resistance by camptothecin. J Pharm Sci *91*, 1765-1775.

Chen, T. C., Su, S., Fry, D., and Liebes, L. (2003). Combination therapy with irinotecan and protein kinase C inhibitors in malignant glioma. Cancer *97*, 2363-2373.

Chew, S. F., Wood, B. R., Kanaan, C., Browning, J., MacGregor, D., Davis, I. D., Cebon, J., Tait, B. D., and McNaughton, D. (2007). Fourier transform infrared imaging as a method for detection of HLA class I expression in melanoma without the use of antibody. Tissue Antigens *69 Suppl 1*, 252-258.

Chinot, O., and Martin, P. M. (1996a). Biologie des tumeurs cérébrales gliales, Tome I. Profils biologiques et moléculaires. ARTEM et éditions Espaces 34, p259-269.

Chinot, O., and Martin, P. M. (1996b). Biologie des tumeurs cérébrales gliales, Tome II. Etude critique des facteurs pronostiques. ARTEM et éditions Espaces 34, p29-52.

Choe, G., Horvath, S., Cloughesy, T. F., Crosby, K., Seligson, D., Palotie, A., Inge, L., Smith, B. L., Sawyers, C. L., and Mischel, P. S. (2003). Analysis of the phosphatidylinositol 3'-kinase signaling pathway in glioblastoma patients in vivo. Cancer Res *63*, 2742-2746.

Chrit, L., Hadjur, C., Morel, S., Sockalingum, G., Lebourdon, G., Leroy, F., and Manfait, M. (2005). In vivo chemical investigation of human skin using a confocal Raman fiber optic microprobe. J Biomed Opt *10*, 44007.

Clarke, S. J., Littleford, R. E., Smith, W. E., and Goodacre, R. (2005). Rapid monitoring of antibiotics using Raman and surface enhanced Raman spectroscopy. Analyst *130*, 1019-1026.

Cloughesy, T., Yung, A., and Vrendenberg, J. (2005). Phase II study of erlotinib in recurrent GBM: molecular predictors of outcome. Proc Am Soc Clin Oncol.

Cohenford, M. A., and Rigas, B. (1998). Cytologically normal cells from neoplastic cervical samples display extensive structural abnormalities on IR spectroscopy: implications for tumor biology. Proc Natl Acad Sci U S A *95*, 15327-15332.

Cohenford, M. A., Godwin, T. A., Cahn, F., Bhandare, P., Caputo, T. A., and Rigas, B. (1997). Infrared spectroscopy of normal and abnormal cervical smears: evaluation by principal component analysis. Gynecol Oncol 66, 59-65.

Coons, S. W., Johnson, P. C., Scheithauer, B. W., Yates, A. J., and Pearl, D. K. (1997). Improving diagnostic accuracy and interobserver concordance in the classification and grading of primary gliomas. Cancer 79, 1381-1393.

Cordes, N., Plasswilm, L., and Sauer, R. (1999). Interaction of paclitaxel (Taxol) and irradiation. In-vitro differences between tumor and fibroblastic cells. Strahlenther Onkol 175, 175-181.

Couldwell, W. T., Uhm, J. H., Antel, J. P., and Yong, V. W. (1991). Enhanced protein kinase C activity correlates with the growth rate of malignant gliomas in vitro. Neurosurgery 29, 880-886; discussion 886-887.

Coyle, D. E. (1995). Adaptation of C6 glioma cells to serum-free conditions leads to the expression of a mixed astrocyte-oligodendrocyte phenotype and increased production of neurite-promoting activity. J Neurosci Res 41, 374-385.

Daumas-Duport, C., Tucker, M. L., Kolles, H., Cervera, P., Beuvon, F., Varlet, P., Udo, N., Koziak, M., and Chodkiewicz, J. P. (1997a). Oligodendrogliomas. Part II: A new grading system based on morphological and imaging criteria. J Neurooncol 34, 61-78.

Daumas-Duport, C., Varlet, P., Tucker, M. L., Beuvon, F., Cervera, P., and Chodkiewicz, J. P. (1997b). Oligodendrogliomas. Part I: Patterns of growth, histological diagnosis, clinical and imaging correlations: a study of 153 cases. J Neurooncol 34, 37-59.

de Lange EC, Danhof M, de Boer AG, Breimer DD. (1994a). Critical factors of intracerebral microdialysis as a technique to determine the pharmacokinetics of drugs in rat brain. Brain Res, 666, 1-8.

de Lange EC, Danhof M, de Boer AG, Breimer DD. (1997). Methodological considerations of intracerebral microdialysis in pharmacokinetic studies on drug transport across the blood-brain barrier. Brain Res Brain Res Rev, 25, 27-49.

de Lange EC, de Vries JD, Zurcher C, Danhof M, de Boer AG et Breimer DD. (1995a). The use of intracerebral microdialysis for the determination of pharmacokinetic profiles of anticancer drugs in tumor-bearing rat brain. Pharm Res, 12, 1924-1931.

de Lange EC, Hesselink MB, Danhof M, de Boer AG et Breimer DD. (1995b). The use of intracerebral microdialysis to determine changes in blood- brain barrier transport characteristics. Pharm Res, 12, 129-133.

Decleves, X., Fajac, A., Lehmann-Che, J., Tardy, M., Mercier, C., Hurbain, I., Laplanche, J. L., Bernaudin, J. F., and Scherrmann, J. M. (2002). Molecular and functional MDR1-Pgp and MRPs expression in human glioblastoma multiforme cell lines. Int J Cancer 98, 173-180.

Degen, J. W., Walbridge, S., Vortmeyer, A. O., Oldfield, E. H., and Lonser, R. R. (2003). Safety and efficacy of convection-enhanced delivery of gemcitabine or carboplatin in a malignant glioma model in rats. J Neurosurg 99, 893-898.

Bibliographie

Dekker, E., and Fockens, P. (2005). Advances in colonic imaging: new endoscopic imaging methods. Eur J Gastroenterol Hepatol *17*, 803-808.

Demeule, M., Shedid, D., Beaulieu, E., Del Maestro, R. F., Moghrabi, A., Ghosn, P. B., Moumdjian, R., Berthelet, F., and Beliveau, R. (2001). Expression of multidrug-resistance P-glycoprotein (MDR1) in human brain tumors. Int J Cancer *93*, 62-66.

Desjardins, A., Quinn, J. A., Vredenburgh, J. J., Sathornsumetee, S., Friedman, A. H., Herndon, J. E., McLendon, R. E., Provenzale, J. M., Rich, J. N., Sampson, J. H., *et al.* (2007). Phase II study of imatinib mesylate and hydroxyurea for recurrent grade III malignant gliomas. J Neurooncol *83*, 53-60.

Devineni D, Klein-Szanto A et Gallo JM. In vivo microdialysis to characterize drug transport in brain tumors: analysis of methotrexate uptake in rat glioma-2 (RG-2)-bearing rats. Cancer Chemother Pharmacol, 1996a, 38, 499-507.

Devineni D, Klein-Szanto A, Gallo JM. Uptake of temozolomide in a rat glioma model in the presence and absence of the angiogenesis inhibitor TNP-470. Cancer Res, 1996b, 56, 1983-1987.

Dewit, L. (1987). Combined treatment of radiation and cisdiamminedichloroplatinum (II): a review of experimental and clinical data. Int J Radiat Oncol Biol Phys *13*, 403-426.

Dhermain, F., Ducreux, D., Bidault, F., Bruna, A., Parker, F., Roujeau, T., Beaudre, A., Armand, J. P., and Haie-Meder, C. (2005). [Use of the functional imaging modalities in radiation therapy treatment planning in patients with glioblastoma]. Bull Cancer *92*, 333-342.

Diem, M., Boydston-White, S., and Chiriboga, L. (1999). Appl Spectrosc *53*, 148A-161A.

Douple, E. B., Richmond, R. C., O'Hara, J. A., and Coughlin, C. T. (1985). Carboplatin as a potentiator of radiation therapy. Cancer Treat Rev *12 Suppl A*, 111-124.

Ducray, F., and Honnorat, J. (2007). [New adjuvant chemotherapy for glioblastoma.]. Presse Med.

Duffau, H. (2005). Intraoperative cortico-subcortical stimulations in surgery of lowgrade gliomas. . Expert Review in Neurotherapeutics *5*, 473-485.

Dukic S., Heurtaux T., Kaltenbach M. L., Hoizey G., Lallemand A., Gourdier B., and Vistelle R. (2000). Influence of schedule of administration on methotrexate penetration in brain tumours. Eur J Cancer, 36, 578-1584.

Dukic SF, Kaltenbach ML, Heurtaux T, Hoizey G, Lallemand A, Vistelle R. (2004). Influence of C6 and CNS1 brain tumors on methotrexate pharmacokinetics in plasma and brain tissue. J Neurooncol, 67, 131-138.

Dukor, R. K. (2002). Vibrational spectroscopy in the detection of cancer. . In: J Chalmers and PR Griffiths, Editors, Handbook of Vibrational Spectroscopy, John Wiley and Sons Ltd *Vol. 5, Application in Life, Pharmaceutical and Nature Sciences*, 3335-3361.

Duponchel, L., Elmi-Rayaleh, W., Ruckebusch, C., and Huvenne, J. P. (2003). Multivariate curve resolution methods in imaging spectroscopy: influence of extraction methods and instrumental perturbations. J Chem Inf Comput Sci *43*, 2057-2067.

Durupt, F., Coutet, J., Salles, B., Penaud, J. F., and Durupt, S. (2005). Thalidomide in 2005: clinical use and practical aspects. J Pharm Clin *24* 145-157.

Eikje, N. S., Aizawa, K., and Ozaki, Y. (2005). Vibrational spectroscopy for molecular characterisation and diagnosis of benign, premalignant and malignant skin tumours. Biotechnol Annu Rev *11*, 191-225.

Ellis, D. I., and Goodacre, R. (2006). Metabolic fingerprinting in disease diagnosis: biomedical applications of infrared and Raman spectroscopy. Analyst *131*, 875-885.

Essendoubi, M., Toubas, D., Bouzaggou, M., Pinon, J. M., Manfait, M., and Sockalingum, G. D. (2005). Rapid identification of Candida species by FT-IR microspectroscopy. Biochim Biophys Acta *1724*, 239-247.

Fernandez, D. C., Bhargava, R., Hewitt, S. M., and Levin, I. W. (2005). Infrared spectroscopic imaging for histopathologic recognition. Nat Biotechnol *23*, 469-474.

Figarella-Branger, D., and Bouvier, C. (2005). [Histological classification of human gliomas: state of art and controversies]. Bull Cancer *92*, 301-309.

Folkman, J. (1995). Angiogenesis in cancer, vascular, rheumatoid and other disease. Nat Med *1*, 27-31.

Friedman, H. S., Keir, S. T., and Houghton, P. J. (2003). The emerging role of irinotecan (CPT-11) in the treatment of malignant glioma in brain tumors. Cancer *97*, 2359-2362.

Friedman, H. S., Kerby, T., and Calvert, H. (2000). Temozolomide and treatment of malignant glioma. Clin Cancer Res *6*, 2585-2597.

Fueyo, J., Gomez-Manzano, C., Yung, W. K., Liu, T. J., Alemany, R., Bruner, J. M., Chintala, S. K., Rao, J. S., Levin, V. A., and Kyritsis, A. P. (1998). Suppression of human glioma growth by adenovirus-mediated Rb gene transfer. Neurology *50*, 1307-1315.

Fujioka, N., Morimoto, Y., Arai, T., and Kikuchi, M. (2004). Discrimination between normal and malignant human gastric tissues by Fourier transform infrared spectroscopy. Cancer Detect Prev *28*, 32-36.

Gazi, E., Dwyer, J., Lockyer, N., Gardner, P., Vickerman, J. C., Miyan, J., Hart, C. A., Brown, M., Shanks, J. H., and Clarke, N. (2004). The combined application of FTIR microspectroscopy and ToF-SIMS imaging in the study of prostate cancer. Faraday Discuss *126*, 41-59; discussion 77-92.

Gerwins, P., Skoldenberg, E., and Claesson-Welsh, L. (2000). Function of fibroblast growth factors and vascular endothelial growth factors and their receptors in angiogenesis. Crit Rev Oncol Hematol *34*, 185-194.

Gjerset, R. A., Fakhrai, H., Shawler, D. L., Turla, S., Dorigo, O., Grover-Bardwick, A., Mercola, D., Wen, S. F., Collins, H., Lin, H., and et al. (1995). Characterization of a new human glioblastoma cell line that expresses mutant p53 and lacks activation of the PDGF pathway. In Vitro Cell Dev Biol Anim *31*, 207-214.

Gniadecka, M., Philipsen, P. A., Sigurdsson, S., Wessel, S., Nielsen, O. F., Christensen, D. H., Hercogova, J., Rossen, K., Thomsen, H. K., Gniadecki, R., *et al.* (2004). Melanoma diagnosis by Raman spectroscopy and neural networks: structure alterations in proteins and lipids in intact cancer tissue. J Invest Dermatol *122*, 443-449.

Goodacre, R., Timmins, E. M., Burton, R., Kaderbhai, N., Woodward, A. M., Kell, D. B., and Rooney, P. J. (1998). Rapid identification of urinary tract infection bacteria using hyperspectral whole-organism fingerprinting and artificial neural networks. Microbiology *144* *(Pt 5)*, 1157-1170.

Goodacre, R., Vaidyanathan, S., Dunn, W. B., Harrigan, G. G., and Kell, D. B. (2004). Metabolomics by numbers: acquiring and understanding global metabolite data. Trends Biotechnol *22*, 245-252.

Grill, J., Dufour, C., and Kalifa, C. (2007). [Brain tumors in children]. Rev Prat *57*, 817-825.

Groves, M. D., Puduvalli, V. K., Hess, K. R., Jaeckle, K. A., Peterson, P., Yung, W. K., and Levin, V. A. (2002). Phase II trial of temozolomide plus the matrix metalloproteinase inhibitor, marimastat, in recurrent and progressive glioblastoma multiforme. J Clin Oncol *20*, 1383-1388.

Gupta, V., Su, Y. S., Wang, W., Kardosh, A., Liebes, L. F., Hofman, F. M., Schonthal, A. H., and Chen, T. C. (2006). Enhancement of glioblastoma cell killing by combination treatment with temozolomide and tamoxifen or hypericin. Neurosurg Focus *20*, E20.

Haka, A. S., Shafer-Peltier, K. E., Fitzmaurice, M., Crowe, J., Dasari, R. R., and Feld, M. S. (2005). Diagnosing breast cancer by using Raman spectroscopy. Proc Natl Acad Sci U S A *102*, 12371-12376.

Haka, A. S., Volynskaya, Z., Gardecki, J. A., Nazemi, J., Lyons, J., Hicks, D., Fitzmaurice, M., Dasari, R. R., Crowe, J. P., and Feld, M. S. (2006). In vivo margin assessment during partial mastectomy breast surgery using raman spectroscopy. Cancer Res *66*, 3317-3322.

Hammody, Z., Sahu, R. K., Mordechai, S., Cagnano, E., and Argov, S. (2005). Characterization of malignant melanoma using vibrational spectroscopy. ScientificWorldJournal *5*, 173-182.

Handl, J., Knowles, J., and Kell, D. B. (2005). Computational cluster validation in post-genomic data analysis. Bioinformatics *21*, 3201-3212.

Hanlon, E. B., Manoharan, R., Koo, T. W., Shafer, K. E., Motz, J. T., Fitzmaurice, M., Kramer, J. R., Itzkan, I., Dasari, R. R., and Feld, M. S. (2000). Prospects for in vivo Raman spectroscopy. Phys Med Biol *45*, R1-59.

Hassenbusch, S. J., Nardone, E. M., Levin, V. A., Leeds, N., and Pietronigro, D. (2003). Stereotactic injection of DTI-015 into recurrent malignant gliomas: phase I/II trial. Neoplasia *5*, 9-16.

Bibliographie

Hata, T. R., Scholz, T. A., Ermakov, I. V., McClane, R. W., Khachik, F., Gellermann, W., and Pershing, L. K. (2000). Non-invasive raman spectroscopic detection of carotenoids in human skin. J Invest Dermatol *115*, 441-448.

Hegi, M. E., Murat, A., Lambiv, W. L., and Stupp, R. (2006). Brain tumors: molecular biology and targeted therapies. Ann Oncol *17 Suppl 10*, x191-197.

Hill, C. I., Nixon, C. S., Ruehmeier, J. L., and Wolf, L. M. (2002). Brain tumors. Phys Ther *82*, 496-502.

Hirschfeld, T., and Chase, B. (1986). FT-Raman spectroscopy-development and justification Appl Spectrosc *40*, 133-137.

Hoang-Xuan, K., Idbaih, A., Mokhtari, K., and Sanson, M. (2005). [Towards a molecular classification of gliomas]. Bull Cancer *92*, 310-316.

Hofer, S., and Merlo, A. (2002). Options thérapeutiques pour les gliomes malins de degré III et IV OMS. Forum Med Suisse *No 32/33*, 748-755.

Huang, W. E., Griffiths, R. I., Thompson, I. P., Bailey, M. J., and Whiteley, A. S. (2004). Raman microscopic analysis of single microbial cells. Anal Chem *76*, 4452-4458.

Huang, Z., McWilliams, A., Lui, H., McLean, D. I., Lam, S., and Zeng, H. (2003). Near-infrared Raman spectroscopy for optical diagnosis of lung cancer. Int J Cancer *107*, 1047-1052.

Jane, E. P., Premkumar, D. R., and Pollack, I. F. (2006). Coadministration of sorafenib with rottlerin potently inhibits cell proliferation and migration in human malignant glioma cells. J Pharmacol Exp Ther *319*, 1070-1080.

Jarvis, R. M., and Goodacre, R. (2005). Genetic algorithm optimization for pre-processing and variable selection of spectroscopic data. Bioinformatics *21*, 860-868.

Kaal, E. C., and Vecht, C. J. (2004). The management of brain edema in brain tumors. Curr Opin Oncol *16*, 593-600.

Kalifa, C., Grill, J., and Hartmann, O. (1998). [Update on pediatric oncology]. Bull Cancer *85*, 57-58.

Kendall, C., Stone, N., Shepherd, N., Geboes, K., Warren, B., Bennett, R., and Barr, H. (2003). Raman spectroscopy, a potential tool for the objective identification and classification of neoplasia in Barrett's oesophagus. J Pathol *200*, 602-609.

Kim, Y. J., Lee, C. J., Lee, U., and Yoo, Y. M. (2005). Tamoxifen-induced cell death and expression of neurotrophic factors in cultured C6 glioma cells. J Neurooncol *71*, 121-125.

Kirschner, C., Maquelin, K., Pina, P., Ngo Thi, N. A., Choo-Smith, L. P., Sockalingum, G. D., Sandt, C., Ami, D., Orsini, F., Doglia, S. M., *et al.* (2001). Classification and identification of enterococci: a comparative phenotypic, genotypic, and vibrational spectroscopic study. J Clin Microbiol *39*, 1763-1770.

Kleihues, P., and Cavenee, W. C. (1997). Tumours of the Nervous System, International Agency for Research on Cancer. . (ed) Pathology & Genetics Lyon.

Kleihues, P., and Sobin, L. H. (2000). World Health Organization classification of tumors. Cancer *88*, 2887.

Kneipp, J., Lasch, P., Baldauf, E., Beekes, M., and Naumann, D. (2000). Detection of pathological molecular alterations in scrapie-infected hamster brain by Fourier transform infrared (FT-IR) spectroscopy. Biochim Biophys Acta *1501*, 189-199.

Koljenovic, S., Choo-Smith, L. P., Bakker Schut, T. C., Kros, J. M., van den Berge, H. J., and Puppels, G. J. (2002). Discriminating vital tumor from necrotic tissue in human glioblastoma tissue samples by Raman spectroscopy. Lab Invest *82*, 1265-1277.

Komatsu, K., Nakanishi, Y., Nemoto, N., Hori, T., Sawada, T., and Kobayashi, M. (2004). Expression and quantitative analysis of matrix metalloproteinase-2 and -9 in human gliomas. Brain Tumor Pathol *21*, 105-112.

Krafft, C., Sobottka, S. B., Geiger, K. D., Schackert, G., and Salzer, R. (2007). Classification of malignant gliomas by infrared spectroscopic imaging and linear discriminant analysis. Anal Bioanal Chem *387*, 1669-1677.

Krafft, C., Sobottka, S. B., Schackert, G., and Salzer, R. (2004). Analysis of human brain tissue, brain tumors and tumor cells by infrared spectroscopic mapping. Analyst *129*, 921-925.

Krafft, C., Thummler, K., Sobottka, S. B., Schackert, G., and Salzer, R. (2006). Classification of malignant gliomas by infrared spectroscopy and linear discriminant analysis. Biopolymers *82*, 301-305.

Krishna, C. M., Kegelaer, G., Adt, I., Rubin, S., Kartha, V. B., Manfait, M., and Sockalingum, G. D. (2006). Combined Fourier transform infrared and Raman spectroscopic approach for identification of multidrug resistance phenotype in cancer cell lines. Biopolymers *82*, 462-470.

Krishna, C. M., Sockalingum, G. D., Kegelaer, G., Rubin, S., Kartha, V. B., and Manfait, M. (2005). Micro-Raman spectroscopy of mixed cancer cell populations Vib Spectrosc *38*, 95-100.

Kumar Naraharisetti, P., Yung Sheng Ong, B., Wei Xie, J., Kam Yiu Lee, T., Wang, C. H., and Sahinidis, N. V. (2007). In vivo performance of implantable biodegradable preparations delivering Paclitaxel and Etanidazole for the treatment of glioma. Biomaterials *28*, 886-894.

Lachenal, G., Stevenson, I., and Celette, N. (2001). Near-infrared transmittance spectroscopy for radiochemical ageing of EPDM. Analyst *126*, 2201-2206.

Lang, F. F., Bruner, J. M., Fuller, G. N., Aldape, K., Prados, M. D., Chang, S., Berger, M. S., McDermott, M. W., Kunwar, S. M., Junck, L. R., *et al.* (2003). Phase I trial of adenovirus-mediated p53 gene therapy for recurrent glioma: biological and clinical results. J Clin Oncol *21*, 2508-2518.

Bibliographie

Lasch, P., Haensch, W., Naumann, D., and Diem, M. (2004). Imaging of colorectal adenocarcinoma using FT-IR microspectroscopy and cluster analysis. Biochim Biophys Acta *1688*, 176-186.

Lau, D. P., Huang, Z., Lui, H., Anderson, D. W., Berean, K., Morrison, M. D., Shen, L., and Zeng, H. (2005). Raman spectroscopy for optical diagnosis in the larynx: preliminary findings. Lasers Surg Med *37*, 192-200.

Lee, S. H., Kim, M. S., Kwon, H. C., Park, I. C., Park, M. J., Lee, C. T., Kim, Y. W., Kim, C. M., and Hong, S. I. (2000). Growth inhibitory effect on glioma cells of adenovirus-mediated p16/INK4a gene transfer in vitro and in vivo. Int J Mol Med *6*, 559-563.

Lefranc, F., Brotchi, J., and Kiss, R. (2005). Possible future issues in the treatment of glioblastomas: special emphasis on cell migration and the resistance of migrating glioblastoma cells to apoptosis. J Clin Oncol *23*, 2411-2422.

Lehnhardt, F. G., Rohn, G., Ernestus, R. I., Grune, M., and Hoehn, M. (2001). 1H- and (31)P-MR spectroscopy of primary and recurrent human brain tumors in vitro: malignancy-characteristic profiles of water soluble and lipophilic spectral components. NMR Biomed *14*, 307-317.

Li, Q. B., Sun, X. J., Xu, Y. Z., Yang, L. M., Zhang, Y. F., Weng, S. F., Shi, J. S., and Wu, J. G. (2005). Diagnosis of gastric inflammation and malignancy in endoscopic biopsies based on Fourier transform infrared spectroscopy. Clin Chem *51*, 346-350.

Lidar, Z., Mardor, Y., Jonas, T., Pfeffer, R., Faibel, M., Nass, D., Hadani, M., and Ram, Z. (2004). Convection-enhanced delivery of paclitaxel for the treatment of recurrent malignant glioma: a phase I/II clinical study. J Neurosurg *100*, 472-479.

Lipinski, C. A., Tran, N. L., Bay, C., Kloss, J., McDonough, W. S., Beaudry, C., Berens, M. E., and Loftus, J. C. (2003). Differential role of proline-rich tyrosine kinase 2 and focal adhesion kinase in determining glioblastoma migration and proliferation. Mol Cancer Res *1*, 323-332.

Lipinski, C. A., Tran, N. L., Menashi, E., Rohl, C., Kloss, J., Bay, R. C., Berens, M. E., and Loftus, J. C. (2005). The tyrosine kinase pyk2 promotes migration and invasion of glioma cells. Neoplasia *7*, 435-445.

Liu, K. Z., Jia, L., Kelsey, S. M., Newland, A. C., and Mantsch, H. H. (2001). Quantitative determination of apoptosis on leukemia cells by infrared spectroscopy. Apoptosis *6*, 269-278.

Liu, K., Schultz, C., Salamon, E., Man, A., and Mantsch, H. (2003). Infrared spectroscopic diagnosis of thyroid tumors. J Mol Struct *661*, 397-404.

Loiseau, H., and Menei, P. (2005). Interstitial chemotherapy and malignant glioma. Gliadel : the next step Lett neurol *9*, 311-314.

Lombardi, V., Valko, L., Valko, M., Scozzafava, A., Morris, H., Melnik, M., Svitel, J., Budesinsky, M., Pelnar, J., Steno, J., *et al.* (1997). 1H NMR ganglioside ceramide resonance region on the differential diagnosis of low and high malignancy of brain gliomas. Cell Mol Neurobiol *17*, 521-535.

Bibliographie

Lyon, L. A., Keating, C. D., Fox, A. P., Baker, B. E., He, L., Nicewarner, S. R., Mulvaney, S. P., and Natan, M. J. (1998). Raman spectroscopy. Anal Chem *70*, 341R-361R.

Mahadevan-Jansen, A., Mitchell, M. F., Ramanujam, N., Malpica, A., Thomsen, S., Utzinger, U., and Richards-Kortum, R. (1998a). Near-infrared Raman spectroscopy for in vitro detection of cervical precancers. Photochem Photobiol *68*, 123-132.

Mahadevan-Jansen, A., Mitchell, M. F., Ramanujam, N., Utzinger, U., and Richards-Kortum, R. (1998b). Development of a fiber optic probe to measure NIR Raman spectra of cervical tissue in vivo. Photochem Photobiol *68*, 427-431.

Malins, D. C., Anderson, K. M., Polissar, N. L., Ostrander, G. K., Knobbe, E. T., Green, V. M., Gilman, N. K., and Spivak, J. L. (2004). Models of granulocyte DNA structure are highly predictive of myelodysplastic syndrome. Proc Natl Acad Sci U S A *101*, 5008-5011.

Mamelak, A. N. (2005). Locoregional therapies for glioma. Oncology (Williston Park) *19*, 1803-1810; discussion 1810, 1816-1807, 1821-1802.

Manfait, M. (2006). [In vivo functional microspectroscopy of cells and tissues]. Ann Pharm Fr *64*, 77-82.

Maquelin, K., Choo-Smith, L. P., van Vreeswijk, T., Endtz, H. P., Smith, B., Bennett, R., Bruining, H. A., and Puppels, G. J. (2000). Raman spectroscopic method for identification of clinically relevant microorganisms growing on solid culture medium. Anal Chem *72*, 12-19.

Maquelin, K., Kirschner, C., Choo-Smith, L. P., van den Braak, N., Endtz, H. P., Naumann, D., and Puppels, G. J. (2002). Identification of medically relevant microorganisms by vibrational spectroscopy. J Microbiol Methods *51*, 255-271.

Marks, P. A., Richon, V. M., Miller, T., and Kelly, W. K. (2004). Histone deacetylase inhibitors. Adv Cancer Res *91*, 137-168.

Mathieu, D., and Fortin, D. (2006). The role of chemotherapy in the treatment of malignant astrocytomas. Can J Neurol Sci *33*, 127-140.

McGovern, A. C., Broadhurst, D., Taylor, J., Kaderbhai, N., Winson, M. K., Small, D. A., Rowland, J. J., Kell, D. B., and Goodacre, R. (2002). Monitoring of complex industrial bioprocesses for metabolite concentrations using modern spectroscopies and machine learning: application to gibberellic acid production. Biotechnol Bioeng *78*, 527-538.

Mellinghoff, I. K., Wang, M. Y., Vivanco, I., Haas-Kogan, D. A., Zhu, S., Dia, E. Q., Lu, K. V., Yoshimoto, K., Huang, J. H., Chute, D. J., *et al.* (2005). Molecular determinants of the response of glioblastomas to EGFR kinase inhibitors. N Engl J Med *353*, 2012-2024.

Miglioli PA, Businaro V, Manoni F, Berti T. Tissue distribution of methotrexate in rats. A comparison between intravenous injections as bolus or drip infusion. Drugs Exp Clin Res, 1985, 11, 275-279.

Mirimanoff, R. O. (2006). The evolution of chemoradiation for glioblastoma: a modern success story. Curr Oncol Rep *8*, 50-53.

Bibliographie

Mourant, J. R., Gibson, R. R., Johnson, T. M., Carpenter, S., Short, K. W., Yamada, Y. R., and Freyer, J. P. (2003). Methods for measuring the infrared spectra of biological cells. Phys Med Biol *48*, 243-257.

Mrugala, M. M., Kesari, S., Ramakrishna, N., and Wen, P. Y. (2004). Therapy for recurrent malignant glioma in adults. Expert Rev Anticancer Ther *4*, 759-782.

Mulvaney, S. P., and Keating, C. D. (2000). Raman spectroscopy. Anal Chem *72*, 145R-157R.

Nagamatsu, S., Nakamichi, Y., Inoue, N., Inoue, M., Nishino, H., and Sawa, H. (1996). Rat C6 glioma cell growth is related to glucose transport and metabolism. Biochem J *319 (Pt 2)*, 477-482.

Nagano, O., and Saya, H. (2004). Mechanism and biological significance of CD44 cleavage. Cancer Sci *95*, 930-935.

Nagano, O., Murakami, D., Hartmann, D., De Strooper, B., Saftig, P., Iwatsubo, T., Nakajima, M., Shinohara, M., and Saya, H. (2004). Cell-matrix interaction via CD44 is independently regulated by different metalloproteinases activated in response to extracellular Ca(2+) influx and PKC activation. J Cell Biol *165*, 893-902.

Nakada, M., Nakada, S., Demuth, T., Tran, N. L., Hoelzinger, D. B., and Berens, M. E. (2007). Molecular targets of glioma invasion. Cell Mol Life Sci *64*, 458-478.

Nakada, M., Okada, Y., and Yamashita, J. (2003). The role of matrix metalloproteinases in glioma invasion. Front Biosci *8*, e261-269.

Nakamura, M., Shimada, K., Ishida, E., Nakase, H., and Konishi, N. (2007). Genetic analysis to complement histopathological diagnosis of brain tumors. Histol Histopathol *22*, 327-335.

Nakanishi, C., and Toi, M. (2005). Nuclear factor-kappaB inhibitors as sensitizers to anticancer drugs. Nat Rev Cancer *5*, 297-309.

Naumann, D., Helm, D., and Labischinski, H. (1991). Microbiological characterizations by FT-IR spectroscopy. Nature *351*, 81-82.

Netti, P. A., Berk, D. A., Swartz, M. A., Grodzinsky, A. J., and Jain, R. K. (2000). Role of extracellular matrix assembly in interstitial transport in solid tumors. Cancer Res *60*, 2497-2503.

Newcomb, E. W., Tamasdan, C., Entzminger, Y., Alonso, J., Friedlander, D., Crisan, D., Miller, D. C., and Zagzag, D. (2003). Flavopiridol induces mitochondrial-mediated apoptosis in murine glioma GL261 cells via release of cytochrome c and apoptosis inducing factor. Cell Cycle *2*, 243-250.

Newcomb, E. W., Tamasdan, C., Entzminger, Y., Arena, E., Schnee, T., Kim, M., Crisan, D., Lukyanov, Y., Miller, D. C., and Zagzag, D. (2004). Flavopiridol inhibits the growth of GL261 gliomas in vivo: implications for malignant glioma therapy. Cell Cycle *3*, 230-234.

Ohtsuki, S., and Terasaki, T. (2007). Contribution of carrier-mediated transport systems to the blood-brain barrier as a supporting and protecting interface for the brain; importance for CNS drug discovery and development. Pharm Res 24, 1745-1758.

Olson, J. J., Supko, J., and Phuphanich, S. (2005). Intratumoral pharmacokinetics determined with microdialysis in a patient with glioblastoma multiforme following administration of high dose methotrexate. Proceedings of the American Society of Clinical Oncology Orlando, FL, USA *Abstract 1569*.

Osoba, D., Brada, M., Yung, W. K., and Prados, M. (2000). Health-related quality of life in patients treated with temozolomide versus procarbazine for recurrent glioblastoma multiforme. J Clin Oncol 18, 1481-1491.

Packer, R. J., Krailo, M., Mehta, M., Warren, K., Allen, J., Jakacki, R., Villablanca, J. G., Chiba, A., and Reaman, G. (2005). A Phase I study of concurrent RMP-7 and carboplatin with radiation therapy for children with newly diagnosed brainstem gliomas. Cancer 104, 1968-1974.

Paillas, J., Toga, M., Hassoun, J., Salamon, G., and Grisoli, F. (1982). Les tumeurs cérébrales Paris : Masson, 44.

Papadopoulos, M. C., Saadoun, S., Binder, D. K., Manley, G. T., Krishna, S., and Verkman, A. S. (2004). Molecular mechanisms of brain tumor edema. Neuroscience 129, 1011-1020.

Philippon, J. (2004a). Tumeurs cérébrales, Du diagnostic au traitement. Astrocytomes et oligodendrogliomes.. Masson, Paris, p145.

Philippon, J. (2004b). Tumeurs cérébrales, Du diagnostic au traitement. Chapitre 2: Classifications et grading des tumeurs cérébrales. Masson, Paris, p7-14.

Philippon, J. (2004c). Tumeurs cérébrales, Du diagnostic au traitement. Chapitre 4: Physiopathologie des tumeurs cérébrales. Masson, Paris, p31-34.

Philippon, J. (2004d). Tumeurs cérébrales, Du diagnostic au traitement. Chapitre 16: Glioblastomes et astrocytomes anaplasiques. Masson, Paris, p155-166.

Plate, K. H., Breier, G., Weich, H. A., and Risau, W. (1992). Vascular endothelial growth factor is a potential tumour angiogenesis factor in human gliomas in vivo. Nature 359, 845-848.

Pluen, A., Boucher, Y., Ramanujan, S., McKee, T. D., Gohongi, T., di Tomaso, E., Brown, E. B., Izumi, Y., Campbell, R. B., Berk, D. A., and Jain, R. K. (2001). Role of tumor-host interactions in interstitial diffusion of macromolecules: cranial vs. subcutaneous tumors. Proc Natl Acad Sci U S A 98, 4628-4633.

Pollack, I. F., DaRosso, R. C., Robertson, P. L., Jakacki, R. L., Mirro, J. R., Jr., Blatt, J., Nicholson, S., Packer, R. J., Allen, J. C., Cisneros, A., and Jordan, V. C. (1997). A phase I study of high-dose tamoxifen for the treatment of refractory malignant gliomas of childhood. Clin Cancer Res 3, 1109-1115.

Bibliographie

Prados, M. D., Lamborn, K. R., Chang, S., Burton, E., Butowski, N., Malec, M., Kapadia, A., Rabbitt, J., Page, M. S., Fedoroff, A., *et al.* (2006). Phase 1 study of erlotinib HCl alone and combined with temozolomide in patients with stable or recurrent malignant glioma. Neuro Oncol *8*, 67-78.

Preusser, M., Haberler, C., and Hainfellner, J. A. (2006). Malignant glioma: neuropathology and neurobiology. Wien Med Wochenschr *156*, 332-337.

Puchner, M. J., Giese, A., Lohmann, F., and Cristante, L. (2004). High-dose tamoxifen treatment increases the incidence of multifocal tumor recurrences in glioblastoma patients. Anticancer Res *24*, 4195-4203.

Quick, Q. A., and Gewirtz, D. A. (2006). Enhancement of radiation sensitivity, delay of proliferative recovery after radiation and abrogation of MAPK (p44/42) signaling by imatinib in glioblastoma cells. Int J Oncol *29*, 407-412.

Rao, J. S. (2003). Molecular mechanisms of glioma invasiveness: the role of proteases. Nat Rev Cancer *3*, 489-501.

Reardon, D. A., Friedman, H. S., Powell, J. B., Jr., Gilbert, M., and Yung, W. K. (2003). Irinotecan: promising activity in the treatment of malignant glioma. Oncology (Williston Park) *17*, 9-14.

Reni, M., Gatta, G., Mazza, E., and Vecht, C. (2007). Ependymoma. Crit Rev Oncol Hematol *63*, 81-89.

Rigas, B., LaGuardia, K., Qiao, L., Bhandare, P. S., Caputo, T., and Cohenford, M. A. (2000). Infrared spectroscopic study of cervical smears in patients with HIV: implications for cervical carcinogenesis. J Lab Clin Med *135*, 26-31.

Robins, H. I., Won, M., Seiferheld, W. F., Schultz, C. J., Choucair, A. K., Brachman, D. G., Demas, W. F., and Mehta, M. P. (2006). Phase 2 trial of radiation plus high-dose tamoxifen for glioblastoma multiforme: RTOG protocol BR-0021. Neuro Oncol *8*, 47-52.

Rouvière, H., and Delmas, A. (2002). Anatomie humaine. Tome 4 : Système nerveux central, voies et centres nerveux. Paris : MASSON ; 2002.

Ruckebusch, C., Duponchel, L., Sombret, B., Huvenne, J. P., and Saurina, J. (2003). Time-resolved step-scan FT-IR spectroscopy: focus on multivariate curve resolution. J Chem Inf Comput Sci *43*, 1966-1973.

Rutka, J. T., Akiyama, Y., Lee, S. P., Ivanchuk, S., Tsugu, A., and Hamel, P. A. (2000). Alterations of the p53 and pRB pathways in human astrocytoma. Brain Tumor Pathol *17*, 65-70.

Sandt, C., Madoulet, C., Kohler, A., Allouch, P., De Champs, C., Manfait, M., and Sockalingum, G. D. (2006). FT-IR microspectroscopy for early identification of some clinically relevant pathogens. J Appl Microbiol *101*, 785-797.

Sanson, M., and Taillibert, S. (2004). [Improving the prognosis of glioma]. Presse Med *33*, 1267.

Bibliographie

Sherwood, P. R., Stommel, M., Murman, D. L., Given, C. W., and Given, B. A. (2004). Primary malignant brain tumor incidence and Medicaid enrollment. Neurology 62, 1788-1793.

Shim, M. G., and Wilson, B. C. (1997). Raman spectroscopic system for diagnostic applications. J Raman Spectrosc 28, 131-142

Shim, M. G., Song, L. M., Marcon, N. E., and Wilson, B. C. (2000). In vivo near-infrared Raman spectroscopy: demonstration of feasibility during clinical gastrointestinal endoscopy. Photochem Photobiol 72, 146-150.

Shim, M. G., Wilson, B. C., Marple, E. T., and Wach, M. L. (1999). A study of fiber-optic probes for *in vivo* medicalRaman spectroscopy. Appl Spectrosc 53, 619-627.

Shinojima, N., Tada, K., Shiraishi, S., Kamiryo, T., Kochi, M., Nakamura, H., Makino, K., Saya, H., Hirano, H., Kuratsu, J., *et al.* (2003). Prognostic value of epidermal growth factor receptor in patients with glioblastoma multiforme. Cancer Res 63, 6962-6970.

Shinoura, N., Yoshida, Y., Asai, A., Kirino, T., and Hamada, H. (2000). Adenovirus-mediated transfer of p53 and Fas ligand drastically enhances apoptosis in gliomas. Cancer Gene Ther 7, 732-738.

Shono, T., Tofilon, P. J., Bruner, J. M., Owolabi, O., and Lang, F. F. (2001). Cyclooxygenase-2 expression in human gliomas: prognostic significance and molecular correlations. Cancer Res 61, 4375-4381.

Simon, J. M. (2004). Radiotherapy, weekly, carboplatin, and daily etoposide in inoperable biospy proven glioblastoma multiform. Proc Am Soc Clin Oncol 22, 1544.

Skov, K., and MacPhail, S. (1991). Interaction of platinum drugs with clinically relevant x-ray doses in mammalian cells: a comparison of cisplatin, carboplatin, iproplatin, and tetraplatin. Int J Radiat Oncol Biol Phys 20, 221-225.

Smith, J. S., Tachibana, I., Passe, S. M., Huntley, B. K., Borell, T. J., Iturria, N., O'Fallon, J. R., Schaefer, P. L., Scheithauer, B. W., James, C. D., *et al.* (2001). PTEN mutation, EGFR amplification, and outcome in patients with anaplastic astrocytoma and glioblastoma multiforme. J Natl Cancer Inst 93, 1246-1256.

Staverosky, J. A., Muldoon, L. L., Guo, S., Evans, A. J., Neuwelt, E. A., and Clinton, G. M. (2005). Herstatin, an autoinhibitor of the epidermal growth factor receptor family, blocks the intracranial growth of glioblastoma. Clin Cancer Res 11, 335-340.

Steiner, G., Shaw, A., Choo-Smith, L. P., Abuid, M. H., Schackert, G., Sobottka, S., Steller, W., Salzer, R., and Mantsch, H. H. (2003). Distinguishing and grading human gliomas by IR spectroscopy. Biopolymers 72, 464-471.

Stewart, L. A. (2002). Chemotherapy in adult high-grade glioma: a systematic review and meta-analysis of individual patient data from 12 randomised trials. Lancet 359, 1011-1018.

Stone, N., Kendall, C., J., S., P., C., and H., B. (2003). Raman spectroscopy for identification of epithelial cancers. The Royal Society of Chemistry 126, 141_157.

Bibliographie

Stone, N., Kendall, C., Smith, J., Crow, P., and Barr, H. (2004). Raman spectroscopy for identification of epithelial cancers. Faraday Discuss *126*, 141-157; discussion 169-183.

Stupp, R., Mason, W. P., van den Bent, M. J., Weller, M., Fisher, B., Taphoorn, M. J., Belanger, K., Brandes, A. A., Marosi, C., Bogdahn, U., *et al.* (2005). Radiotherapy plus concomitant and adjuvant temozolomide for glioblastoma. N Engl J Med *352*, 987-996.

Stupp, R., Reni, M., Gatta, G., Mazza, E., and Vecht, C. (2007). Anaplastic astrocytoma in adults. Crit Rev Oncol Hematol *63*, 72-80.

Taillibert, S., Pedretti, M., and Sanson, M. (2004a). [Current classification of gliomas]. Presse Med *33*, 1274-1277.

Taillibert, S., Pedretti, M., and Sanson, M. (2004b). [The genetics of glioma: molecular classification]. Presse Med *33*, 1268-1273.

Taillibert, S., Pedretti, M., and Sanson, M. (2004c). [Therapeutic strategies and prospects of gliomas]. Presse Med *33*, 1278-1283.

Tang, P., Roldan, G., Brasher, P. M., Fulton, D., Roa, W., Murtha, A., Cairncross, J. G., and Forsyth, P. A. (2006). A phase II study of carboplatin and chronic high-dose tamoxifen in patients with recurrent malignant glioma. J Neurooncol *78*, 311-316.

Tannock, I. F., Lee, C. M., Tunggal, J. K., Cowan, D. S., and Egorin, M. J. (2002). Limited penetration of anticancer drugs through tumor tissue: a potential cause of resistance of solid tumors to chemotherapy. Clin Cancer Res *8*, 878-884.

Tfayli, A., Piot, O., Pitre, F., and Manfait, M. (2007). Follow-up of drug permeation through excised human skin with confocal Raman microspectroscopy. Eur Biophys J *36*, 1049-1058.

Thorarinsdottir, H. K., Rood, B., Kamani, N., Lafond, D., Perez-Albuerne, E., Loechelt, B., Packer, R. J., and MacDonald, T. J. (2007). Outcome for children <4 years of age with malignant central nervous system tumors treated with high-dose chemotherapy and autologous stem cell rescue. Pediatr Blood Cancer *48*, 278-284.

Toms, S. A., Konrad, P. E., Lin, W. C., and Weil, R. J. (2006). Neuro-oncological applications of optical spectroscopy. Technol Cancer Res Treat *5*, 231-238.

Toubas, D., Essendoubi, M., Adt, I., Pinon, J. M., Manfait, M., and Sockalingum, G. D. (2007). FTIR spectroscopy in medical mycology: applications to the differentiation and typing of Candida. Anal Bioanal Chem *387*, 1729-1737.

Unzunbajakava, N., Lenferink, A., Kraan, Y., Willekens, B., Vrensen, G., Greve, J., and Otto, C. (2003). Biopolymers *72*, 1-9.

Utzinger, U., and Richards-Kortum, R. R. (2003). Fiber optic probes for biomedical optical spectroscopy. J Biomed Opt *8*, 121-147.

van den Bent, M. J., Hegi, M. E., and Stupp, R. (2006). Recent developments in the use of chemotherapy in brain tumours. Eur J Cancer *42*, 582-588.

Bibliographie

Vrdoljak, E., Boban, M., Saratlija-Novakovic, Z., and Jovic, J. (2006). Long-lasting partial regression of glioblastoma multiforme achieved by edotecarin: case report. Croat Med J *47*, 305-309.

Wang, C. C., Liao, Y. P., Mischel, P. S., Iwamoto, K. S., Cacalano, N. A., and McBride, W. H. (2006). HDJ-2 as a target for radiosensitization of glioblastoma multiforme cells by the farnesyltransferase inhibitor R115777 and the role of the p53/p21 pathway. Cancer Res *66*, 6756-6762.

Wang, D., Grammer, J. R., Cobbs, C. S., Stewart, J. E., Jr., Liu, Z., Rhoden, R., Hecker, T. P., Ding, Q., and Gladson, C. L. (2000). p125 focal adhesion kinase promotes malignant astrocytoma cell proliferation in vivo. J Cell Sci *113 Pt 23*, 4221-4230.

Wang, J. S., Shi, J. S., Xu, Y. Z., Duan, X. Y., Zhang, L., Wang, J., Yang, L. M., Weng, S. F., and Wu, J. G. (2003). FT-IR spectroscopic analysis of normal and cancerous tissues of esophagus. World J Gastroenterol *9*, 1897-1899.

Watts, P. J., Tudor, A., Church, S. J., Hendra, P. J., Turner, P., Melia, C. D., and Davies, M. C. (1991). Fourier transform-Raman spectroscopy for the qualitative and quantitative characterization of sulfasalazine-containing polymeric microspheres. Pharm Res *8*, 1323-1328.

Wei, M. X., Liu, J. M., Gadal, F., Yi, P., Liu, J., and Crepin, M. (2007). Sodium phenylacetate (NaPa) improves the TAM effect on glioblastoma experimental tumors by inducing cell growth arrest and apoptosis. Anticancer Res *27*, 953-958.

Weinstein, I. B. (2002). Cancer. Addiction to oncogenes--the Achilles heal of cancer. Science *297*, 63-64.

Wen, P. Y., Kesari, S., and Drappatz, J. (2006a). Malignant gliomas: strategies to increase the effectiveness of targeted molecular treatment. Expert Rev Anticancer Ther *6*, 733-754.

Wen, P. Y., Schiff, D., Kesari, S., Drappatz, J., Gigas, D. C., and Doherty, L. (2006b). Medical management of patients with brain tumors. J Neurooncol *80*, 313-332.

Wen, P. Y., Yung, W. K., Lamborn, K. R., Dahia, P. L., Wang, Y., Peng, B., Abrey, L. E., Raizer, J., Cloughesy, T. F., Fink, K., *et al.* (2006c). Phase I/II study of imatinib mesylate for recurrent malignant gliomas: North American Brain Tumor Consortium Study 99-08. Clin Cancer Res *12*, 4899-4907.

Werthle, M., Bochelen, D., Adamczyk, M., Kupferberg, A., Poulet, P., Chambron, J., Lutz, P., Privat, A., and Mersel, M. (1994). Local administration of 7 beta-hydroxycholesteryl-3-oleate inhibits growth of experimental rat C6 glioblastoma. Cancer Res *54*, 998-1003.

Wick, W., and Kuker, W. (2004). Brain edema in neurooncology: radiological assessment and management. Onkologie *27*, 261-266.

Wowra, B., Tonn, J.-C., and Muacevic, A. (2006). Gamma Knife Radiosurgery: European Standards and Perspectives. Acta Neurochirurgica *Suppl 91*.

Bibliographie

Xu, R. X., and Povoski, S. P. (2007). Diffuse optical imaging and spectroscopy for cancer. Expert Rev Med Devices *4*, 83-95.

Yamada, Y., Tamura, T., Yamamoto, N., Shimoyama, T., Ueda, Y., Murakami, H., Kusaba, H., Kamiya, Y., Saka, H., Tanigawara, Y., *et al.* (2006). Phase I and pharmacokinetic study of edotecarin, a novel topoisomerase I inhibitor, administered once every 3 weeks in patients with solid tumors. Cancer Chemother Pharmacol *58*, 173-182.

Yin, D., Zhou, H., Kumagai, T., Liu, G., Ong, J. M., Black, K. L., and Koeffler, H. P. (2005). Proteasome inhibitor PS-341 causes cell growth arrest and apoptosis in human glioblastoma multiforme (GBM). Oncogene *24*, 344-354.

Yung, W. K., Albright, R. E., Olson, J., Fredericks, R., Fink, K., Prados, M. D., Brada, M., Spence, A., Hohl, R. J., Shapiro, W., *et al.* (2000). A phase II study of temozolomide vs. procarbazine in patients with glioblastoma multiforme at first relapse. Br J Cancer *83*, 588-593.

Zagzag, D., Friedlander, D. R., Margolis, B., Grumet, M., Semenza, G. L., Zhong, H., Simons, J. W., Holash, J., Wiegand, S. J., and Yancopoulos, G. D. (2000). Molecular events implicated in brain tumor angiogenesis and invasion. Pediatr Neurosurg *33*, 49-55.

Zamboni WC, Gervais AC, Egorin MJ, Schellens JH, Hamburger DR, Delauter BJ, Grim A, Zuhowski EG, Joseph E, Pluim D, Potter DM, Eiseman JL. Inter- and intratumoral disposition of platinum in solid tumors after administration of cisplatin. Clin Cancer Res, 2002, 8, 2992-2999.

Zamboni WC, Gervais AC, Egorin MJ, Schellens JH, Zuhowski EG, Pluim D, Joseph E, Hamburger DR, Working PK, Colbern G, Tonda ME, Potter DM, Eiseman JL. Systemic and tumor disposition of platinum after administration of cisplatin or STEALTH liposomal-cisplatin formulations (SPI-077 and SPI-077 B103) in a preclinical tumor model of melanoma. Cancer Chemother Pharmacol, 2004, 53, 329-336.

Zamboni WC, Houghton PJ, Hulstein JL, Kirstein M, Walsh J, Cheshire PJ, Hanna SK, Danks MK, Stewart CF. Relationship between tumor extracellular fluid exposure to topotecan and tumor response in human neuroblastoma xenograft and cell lines. Cancer Chemother Pharmacol, 1999, 43, 269-276.

Zoula, S., Herigault, G., Ziegler, A., Farion, R., Decorps, M., and Remy, C. (2003). Correlation between the occurrence of 1H-MRS lipid signal, necrosis and lipid droplets during C6 rat glioma development. NMR Biomed *16*, 199-212.

Zülch, K. J. (1979). Types histologiques des tumeurs du système nerveux central, Organisation Mondiale de la Santé. Genève.

Zustovich, F., Cartei, G., Ceravolo, R., Zovato, S., Della Puppa, A., Pastorelli, D., Mattiazzi, M., Bertorelle, R., and Gardiman, M. P. (2007). A phase I study of cisplatin, temozolomide and thalidomide in patients with malignant brain tumors. Anticancer Res *27*, 1019-1024.

ANNEXES

Tableau I – Index de Karnofsky.

État fonctionnel	Score	Description
Patient autonome	10	Normal Sans plainte ni symptôme clinique
	9	Activité normale Présence de symptômes cliniques mineurs
	8	Activité normale Symptômes cliniques plus marqués
	7	Autonomie conservée mais activité limitée et travail impossible
Patient nécessitant une assistance	6	Autonomie limitée avec nécessité d'une assistance occasionnelle
	5	Autonomie réduite Assistance nécessaire Prise en charge médicale fréquente
	4	Assistance et surveillance constante Perte d'autonomie.
Patient grabataire	3	Détérioration clinique sévère Hospitalisation nécessaire, mais décès non imminent
	2	Stade préterminal Traitement symptomatique Hospitalisation indispensable
	1	Décès imminent.
	0	Décès

Annexe 1 : Tableau présentant l'index de Karnofsky

Annexes

TABLEAU II : DIFFERENTES REGIONS DU SPECTRE DES SYSTEMES BIOLOGIQUES

Fréquence (cm^{-1})	Région	Fréquence (cm^{-1})	Région
2800-3000	Lipides	1350-1500	Région mixte
1700-1800	Esters des lipides	1250-1350	Amide III
1500-1700	Protéines (amide I, II)	1200-1250	Acides nucléiques
1500-900	Empreinte digitale	900-1200	Sucres

Annexe 2 : Tableau présentant les différentes régions d'un spectre IR

TABLEAU III : PRINCIPAUX PICS IRTF D'ABSORPTION DES PHOSPHOLIPIDES

Fréquence (cm^{-1})	Attribution	Fréquence (cm^{-1})	Attribution
2950-2960	ν_{as} (C-H) de CH_3	1470-480	δ (C-H) de CH_2
2920-2930	ν_{as} (C-H) de CH_2	1460	δ (C-H) de CH_3
2865-2880	ν (C-H) de CH_3	1230	ν_{as} (P=O) de PO_2
2840-2860	ν (C-H) de CH_2	1170-1200	ν (C-O-C) des esters
1730-1760	ν (C=O) des esters	1080	ν (P=O) de PO_2

Annexe 3 : Tableau présentant les principaux pics IRTF d'absorption des phospholipides

TABLEAU IV: ATTRIBUTION DES BANDES DES ECHANTILLONS CELLULAIRES ET TISSULAIRES

Fréquence (cm^{-1})	Attribution	Fréquence (cm^{-1})	Attribution
3250-3800	ν (O-H)	1380-1430	ν (C-H) de CH des protéines
2950-2960	vas (C-H) de CH_3	1400	vas (C=O) de COO^-
2920-2930	vas (C-H) de CH_2	1230-1330	Amide III
2865-2880	ν (C-H) de CH_3	1240	vas (P=O) de PO_2
2840-2860	ν (C-H) de CH_2	1150-1170	ν (C-O-C) des esters
1700-1750	ν (C=O) esters des lipides	1120	ν (C-O) des riboses
1625-1695	Amide I	1080-1085	ν (C-O-C), ν (P=O)
1525-1560	Amide II	1050-1070	ν (C-O) glycogène
1515	Tyrosine (en dérivée 2nde)	1024	ν (C-O) glycogène
1460-1470	δ (C-H) de CH_3 épaulement	968	ν (C-C/C-O) des phosphates
1440-1460	δ (C-H) de CH_2		

Annexe 4 : Tableau présentant les principales attributions des bandes IR des échantillons tissulaires

Annexes

TABLEAU V: PICS ET ATTRIBUTION EN SPECTROSCOPIE RAMAN

Nombre d'onde en cm^{-1}	Attributions Raman
619	Cycle de la Phénylalanine
642	Cycle de la Tyrosine et ν C-S
671	ν C-S Cysteine
699	ν C-S Cysteine
722	Phospholipides et ν C-S Cystine
746	Cycle aromatique "puckering"
758	Trypophane et ν sym O-P-O Lipides
803	ADN
829	Doublet de Fermi de la Tyrosine (cycle)
851	Doublet de Fermi de la Tyrosine (cycle)
883	Tryptophane
909	ν CH$_3$, γ$_w$CH$_3$; ρ CH$_2$ Polypeptides
935	ρ CH$_3$ terminal, ν CC hélice α Phospholipides
957	ν P-O ADN et ν C-C (hélice α et aléatoire) Cholestérol, δ CCH oléfinique
987	ν P-O-C phospholipides
1003	Respiration sym. du cycle de Phénylalanine et Tryptophane
1032	C-H de Phénylalanine
1045	ν C-C, ν C-O, ν S-O
1062	Lipides : chaîne hydrocarbonée *trans* et ν C-O ADN
1086	Lipides : chaîne hydrocarbonée gauche
1102	Lipides : chaîne hydrocarbonée gauche
1127	Lipides : chaîne hydrocarbonée *trans*
1157	ν C-C, ρ CH$_3$, C-C vibration du squelette
1175	CH Tyrosine, Phénylalanine et ν sym C-O-C Lipides
1207	ν C-C$_6$-H$_5$, Phénylalanine, Tryptophane, Tyrosine
1250	Amide III random coil
1284	Amide III hélice α
1296	Amide III, CH$_2$ phospholipides
1319	C=C, Guanine, δ CH protéines
1339	ν C-C, CH bend et Phe, Tryptophane, Adénine, Guanine
1382	CH$_3$ bend, δ CH$_3$
1443	δ CH proteines et lipides
1555	Tryptophane
1651	Amide I

ν : élongation ; γ$_w$: balancement ; δ : déformation ; ρ : hochement (rocking)

Annexe 5 : Tableau présentant les principales attributions des bandes Raman

Annexes

Oui, je veux morebooks!

i want morebooks!

Buy your books fast and straightforward online - at one of world's fastest growing online book stores! Environmentally sound due to Print-on-Demand technologies.

Buy your books online at
www.get-morebooks.com

Achetez vos livres en ligne, vite et bien, sur l'une des librairies en ligne les plus performantes au monde!
En protégeant nos ressources et notre environnement grâce à l'impression à la demande.

La librairie en ligne pour acheter plus vite
www.morebooks.fr

VDM Verlagsservicegesellschaft mbH
Heinrich-Böcking-Str. 6-8   Telefon: +49 681 3720 174   info@vdm-vsg.de
D - 66121 Saarbrücken   Telefax: +49 681 3720 1749   www.vdm-vsg.de

Printed by Books on Demand GmbH, Norderstedt / Germany